别让孩子焦虑

[韩]李多琅 著　金贤玲 译

人民文学出版社　天天出版社

著作权合同登记：图字 01-2023-5035

Original Title: 불안이 많은 아이
Copyright © 2023. Darang Lee & HANBIT media, Inc.
All rights reserved.
Original Korean edition published by Hanbit Media, Inc., Seoul, Korea
Simplified Chinese Translation Copyright © 2025 by Daylight Publishing House
This Simplified Chinese Language edition published by arranged with Hanbit Media, Inc. through Arui SHIN Agency & Qiantaiyang Cultural Development (Beijing) Co., Ltd.

图书在版编目（CIP）数据

别让孩子焦虑 / (韩) 李多琅著；金贤玲译. 北京：天天出版社, 2025.8. -- ISBN 978-7-5016-2545-1

Ⅰ．B842.6-49

中国国家版本馆CIP数据核字第20250N7L37号

责任编辑：范景艳	美术编辑：丁 妮
责任印制：康远超　张　璞	

出版发行：天天出版社有限责任公司
地址：北京市东城区东中街42号　　　邮编：100027
市场部：010-64109002

印刷：三河市春园印刷有限公司	经销：全国新华书店等
开本：880×1230　1/32	印张：9
版次：2025年8月北京第1版	印次：2025年8月第1次印刷
字数：145千字	

书号：978-7-5016-2545-1　　　　　　　定价：42.00元

版权所有·侵权必究
如有印装质量问题，请与本社市场部联系调换。

目录

001 前言 "妈妈,我终于做到了!"

第一部分

比同龄人更容易焦虑不安的孩子

009 为什么我的孩子总是焦虑不安?
更容易焦虑不安的孩子
孩子让我既担心又无奈

020 容易焦虑不安的孩子,他们的时间慢一些罢了
孩子的焦虑不安是正常的发育过程

024 不同气质的孩子在焦虑不安时有不同的表现:气质和气质特征
气质是什么?
陌生的东西就让我焦虑不安:避害性的具体要素
避害性遇到其他气质特征后,会产生新的不安
特定的想法和经验会加剧孩子的不安情绪

043 从什么时候开始,不安变成了问题?
　　孩子不会有焦虑症吧?
　　不会是我错误的养育方式加剧了孩子的不安吧?

第二部分

怎样才能避免让孩子深陷焦虑不安?

050 父母应该让容易焦虑不安的孩子学会什么?
　　父母的角色是帮助孩子,让孩子战胜自己的焦虑不安

061 克服焦虑不安的方法1:用共情和等待来接受

064 基本点1 孩子的焦虑不安应该得到共情
　　我们为什么无法共情孩子?
　　为什么要共情孩子?
　　怎样才能更好地共情孩子?

077 基本点2 等待孩子,接受孩子的速度
　　究竟要等到什么时候,等多久呢?
　　孩子需要自己去认知和适应的时间
　　适应新环境和成功的经验应该完全属于孩子
　　我们应该怎样等待孩子?

087 克服焦虑不安的方法2：制定战略，帮助孩子成长

089 实战1 引导孩子准确地表达自己的焦虑不安
为什么我们很难表达自己的焦虑不安？
让孩子给自己的情绪起一个名字
让孩子更加具体地阐述自己的感受

098 实战2 慢慢拓展孩子的新体验
过多的环境变化会加剧孩子的恐惧
过于频繁的环境变化会干扰孩子的学习
提高可预测性，让孩子积累更多的经验

109 实战3 重建孩子的大脑工厂
找到让孩子焦虑不安的想法
尝试了解孩子的想法
孩子应该明白自己感到不安的事情不会真的发生
像侦探一样和孩子讨论焦虑不安

120 实战4 不断帮助孩子积累成功经验
没有成功经验的孩子无法成为一个勇于挑战的大人
尽可能多地告诉孩子他们哪里做得很棒
让孩子成为成功的主人
多讲一讲孩子性格特征中的优点

128 **实战5** 多让孩子看到父母很好地控制情绪的样子
父母的焦虑不安会直接影响到孩子
孩子感到焦虑不安时，会向父母学习
让孩子看到父母可以很好地表达焦虑不安

137 **实战6** 父母的这些行为会加剧孩子的不安
不要过分包容孩子的情绪
不要放任孩子，不能让孩子总是选择回避
不要替孩子解决问题
失去耐心，冲孩子发火，可能会加剧孩子的不安
不要因为父母的不安而给孩子传递双重信息

第三部分

养育一个容易焦虑不安的孩子时，父母经常会提出的13个问题

154 面对孩子的焦虑不安，父母会有哪些烦恼？

156 **01** 孩子反复地提问，不停地宣泄自己的情绪。他们这样做是不是为了得到更多的关注？
不要被孩子影响，应该再多问一次

162 **02** 看到发生事故的新闻或者接受安全教育以后，孩子会变得格外不安
尽量避免过多的接触，引导孩子用语言表达自己的担忧

168 **03** 孩子很难和同龄人相处。孩子社会性不足，让我非常担心
让孩子在一个稳定的小环境里培养社会性

176 **04** 孩子总是任朋友摆布，无法充分表达自己的意愿
父母可以成为孩子的第一个练习对象

185 **05** 作为一个男孩子，我觉得他太胆小了
找出适合孩子的运动，而且一开始，要和孩子"一起做"

191 **06** 我需要给孩子换幼儿园（学校），孩子能适应吗？
找出一样能让孩子平静下来的东西

196 **07** 孩子害怕学习新东西，我应该怎么帮助他呢？
要让孩子以更平和的心态面对学习这件事

207 **08** 孩子没办法自己上下学，也不敢自己睡觉。我该怎样做，才能让他独立呢？
通过渐进的方法，让孩子慢慢独立

215 **09** **可以把孩子容易焦虑不安的性格特征分享给老师吗？**
父母和老师可以成为最佳搭档，共同帮助孩子战胜不安和恐惧

221 **10** **孩子不想尝试新事物，总是玩类似的玩具，做类似的活动**
玩同样的游戏时，可以每次增加一些新的内容

226 **11** **孩子会表现出非常害怕的样子，所以我根本没办法好好教育孩子**
教育孩子时不要吓唬他，应该针对孩子的行为提出批评

234 **12** **孩子的表现总是反复无常，既想尝试，又很胆小，我应该怎么办呢？**
既没有好奇心，也不会焦虑不安的孩子
面对新的刺激时，既有好奇心，也会感到焦虑不安的孩子
帮助孩子，让孩子认知到自己矛盾的心理

243 **13** **我要带孩子接受心理咨询，或者去看小儿精神科吗？**
是否需要寻求专家帮助的判断标准

第四部分

让容易焦虑不安的孩子健康长大

252 不安和恐惧可以转化成孩子的优点吗?

255 不安和恐惧可以成为孩子的动力
怎样才能把容易焦虑不安的气质转化成自己的优点?

261 面对不安和恐惧,孩子要有能力做出"选择"
孩子容易焦虑不安,不代表孩子一定是低自尊感的人

267 如果养育孩子让你变得不安,请把目光放得更长远一点

270 后记 我和孩子一起讨论焦虑不安

前言
"妈妈,我终于做到了!"

孩子对我说:"妈妈,我终于做到了!"

我至今都清晰地记得第一次给孩子穿上鞋子的时候,他那出乎意料的反应。孩子还在学走路的时候,我给他穿的都是软底的鞋子。后来,我给他买了第一双可以在室外穿的鞋子。给他穿上新鞋子的时候,我还在想,他该有多兴奋啊!万万没想到的是,穿上新鞋子后,孩子就僵在原地号啕大哭起来。新鞋子的陌生感让孩子非常害怕,他焦躁不安地喊着"妈妈,抱抱",然后整个人都挂在我的身上,不愿意离开我半步。从那一刻起,养育孩子的每一分每一秒,我都在和他的焦虑不安抗争。

无论什么事情，我的孩子都不可能一次就接受。他通常需要花很长时间才能适应新的事物和环境。我需要一边工作一边照顾孩子，所以不得不早早就把孩子送到托儿所。通常情况下，三周以后孩子们就会慢慢适应，但是我的孩子大哭大闹了三四个月。托儿所、幼儿园，甚至上了小学以后的每次开学，我都不得不调整我的工作安排，花更多心思去关注孩子的状态。我的孩子不喜欢去游乐园滑滑梯，就算到了儿童乐园，也不会轻易松开我的衣角。他还很害怕马桶，所以我花了很长时间，才让他脱掉了纸尿裤。在网络上看到孩子们参加很棒的活动时，我都会想："我的孩子是不可能开开心心地去参加这些活动的。"但是我没有因此放弃教育我的孩子。现在想想，相信孩子，耐心等待，不放弃尝试，这些都是非常正确的选择。也许因为我自己也很容易焦虑不安，所以才会更坚定地相信我的孩子，相信他一定也可以像我一样克服这一切。

接受孩子原来的样子，耐心等待着他的变化，对我来说不是一件难事。偶尔动摇我的，反而是来自身边人的异样眼光和流言蜚语："你是不是把孩子养得太软弱了？""你是专家，所以我也不想多嘴，但是你最好还是让孩子变得坚强一点。这么大了还穿着纸尿裤,他是不是有什么问题?"每当听到这些话,我都很想站起来反驳,大声地告诉他们:"共情孩子,等待孩子,并不是放任他们的软弱。""我会花10年的时间守护他、帮助他,直到他可以自己站起来。"但是我没有轻易说出这种话。虽然我平时会给很多父母和孩子建议,但毕竟我也是第一次养育一个孩子。

我记得孩子快6岁的时候,他出门以后没哭也没闹。回到家以后,他还扑到我的怀里,对我说:"妈妈,太好玩了!我终于做到了!"

听到这句话的时候,我忍不住流下了眼泪。我对他说过无数次的话,他终于能亲口说给我听了。"你做到了。""你做得已经比上一次好太多了。"虽然我一直都在鼓励孩子,但是也会忍不住焦虑,不知道这些话什么时候才能在孩子心里生根发芽。直到他说出那句话,我所有的怀疑和疑虑才灰飞烟灭。接下来,我就变得更加确信了,"没错,就是这样。我可以和过去一样,继续把这些话说给那些需要的父母了。"

我的讲座大多和发育、气质相关,我尤其喜欢多聊一聊气质这个话题。相对于把固定的育儿方法僵硬地套在所有的孩子身上，我觉得更重要的是，让爸爸妈妈更多地关注孩子，更好地理解孩子。

因此，我一直都很骄傲自己可以做这样的讲座。尤其是遇到容易焦虑不安的孩子和养育这些孩子的父母，我都会更多地关注他们。我也经常在社交平台上分享我和孩子的事情，有空的时候就会开设大大小小的课，听一听大家的苦恼。最近，不少过去见过面的父母对我说，他们的孩子已经克服了不安和恐惧，正在健康茁壮地成长。播撒了种子的父母，一个接一个地收获了他们期待已久的果实。

"这个世界充斥着各种育儿信息，我还要再写一本育儿书吗？"因为这个想法，我犹豫了很久，不知道自己应不应该写这样一本书。后来我听一些父母说，目前并没有一本系统讲解"孩子的不安和恐惧"的书。我自己也搜集了一些资料，发现确实没有哪本育儿书是从父母的立场出发，为他们提供实用方法的。所以我才下定决心，创作这本书。我的孩子现在已经可以一个人上学，一个人上课外班了，他和朋友们相处得很好，还能和朋友们一起到游乐场玩（虽然在家的时候，他还是经常焦虑不安，时常耍一些小脾气），面对新事物和新环境，也没有太大的问题了。

我是通过什么方法让一个容易焦虑不安的孩子有了这么大的改变呢？我想通过这本书，把我的经验分享给更多的读者。我想，也许这不只是一本简单的育儿书，而是我过去十年的育儿报告。过去的十年里，我是怎样教育自己的孩子的，许许多多的父母都咨询过我什么样的问题，我把这些内容都原原本本地记录在这本书里。

我希望这本书可以为养育焦虑不安的孩子的父母们提供一个标准，每当父母对自己的做法产生怀疑并因此感到焦虑的时候，都可以翻开这本书看一看。我希望这本书可以让他们安心，可以继续坚定又耐心地守护在孩子的身旁。同时，我也希望通过这本书告诉更多的父母，不是只有你们的孩子有这样的问题，可以给他们送去安慰和支持。

第一部分

比同龄人更容易焦虑不安的孩子

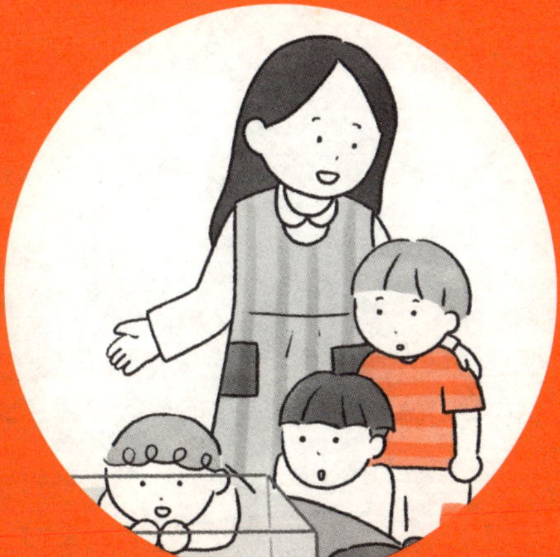

为什么我的孩子总是焦虑不安？

4岁的书俊拒绝一切第一次接触的事情。即使去儿童乐园，他也会黏着妈妈，不会像其他孩子那样活泼地到处玩。在家里，书俊通常也只会选自己比较熟悉的玩具，一个人安安静静地坐在那里玩。看到这样的孩子，书俊的爸爸妈妈，尤其是妈妈十分心急。书俊始终无法适应幼儿园的生活，这让妈妈非常苦恼。起初，妈妈认为书俊和其他孩子一样，只是不愿意和妈妈分开，所以没有太在意。但是过了很长时间，书俊的情况也没有好转，他还是非常抗拒上幼儿园。孩子说"我不想去幼儿园"，或者站在门口大哭，爸爸妈妈就会心软。虽然老师说书俊在幼儿园过得很好，生活上也没有什么问题，但是妈妈还是会忍不住怀疑自己的决定：让这么小的孩子上幼儿园是不是太为难他了？况且她也不知道书俊的情况什么时候才能变好，所以非常担心。

6岁的允儿是一个很胆小的孩子。自从在图画书里看到了类似鬼的画面，允儿每天都担惊受怕，就怕那个鬼在晚上突然冒出来。允儿说，她害怕做噩梦，所以不敢睡觉。她还会不停地问，如果爸爸妈妈都死了，她该怎么办。起初，爸爸妈妈也尝试着与孩子共情，一次又一次耐心地给孩子解释，但是允儿担心害怕的问题总是一个接一个地出现。孩子不停地哭闹，反反复复地提问，即使她的父母也难免觉得有些心烦。不过看到孩子总是极度不安的样子，爸爸妈妈还是非常担心。

7岁的智轩需要准备很长时间，才能开始做一件事。和他同龄的孩子都在学习各种运动项目、上美术班，但是智轩却十分抗拒。如果他必须和爸爸妈妈分开，需要一个人独立去上课，智轩就会表现出格外不安的样子。因此，爸爸妈妈很难让他独自去参加课外班。即使课程非常有趣，智轩也很难参与其中。看到别人家的孩子学跆拳道，学滑雪，一个比一个忙碌的样子，爸爸妈妈也不由得着急起来，担心智轩落后太多。每次听到朋友们指责他们的态度太消极，爸爸妈妈也会不由得怀疑自己："是不是应该狠下心，逼一逼孩子，让孩子快一点坚强起来……"

自从8岁的晓恩上了小学,妈妈的烦恼就变得越来越多。和班主任老师谈话以后,妈妈才知道,原来晓恩在自我介绍的时候,一句话都没说出口就哭了。虽然妈妈明白晓恩比同龄人更容易感到不安,需要时间去适应新的环境,但是妈妈一直都抱着"上了学就会好起来"的想法,等待着晓恩发生变化。但是晓恩的变化却微乎其微。每天上学之前,晓恩还是会很忐忑。即使到了学校,她也不能完全放开。对于晓恩来说,小学是一个与幼儿园截然不同的陌生环境。看到晓恩始终无法适应小学的样子,妈妈十分心疼,但也不知道该怎么帮助她,所以心里非常着急。

虽然孩子的名字不同,但是这些都是之前一些爸爸妈妈亲口说给我听的故事。你们能理解这些父母的心情吗?如果你的答案是肯定的,那么也许你的孩子也和他们一样,都比同龄人更容易感到焦虑和不安。

更容易焦虑不安的孩子

我读研究生时在一家研究所做过研究。在同一栋大楼里，有一家大学附属幼儿园。因为这个便利条件，我一有空就会去幼儿园观察孩子们。每次见到那些孩子，我都有同一个想法，那就是"孩子们都太不一样了"。老师讲课的内容是一样的，但是孩子们给出的反应和集中度却千差万别。即使在同一个空间里，提供一模一样的玩具，孩子们开始游戏的速度和方法也各不相同。

通常大家都认为，孩子会比大人表现得更加积极，可以更快速地行动，能量水平也会更高。我们通常还会想："孩子能有什么烦恼呢？"但是如果你有机会静静地观察他们，就会发现事实并非如此。就算邀请孩子们做同样的游戏和活动，每个孩子给出的反应都是不一样的，他们接受并开始行动的时间也是不一样的。

例如，有些孩子看上去就是好奇心很强，很容易接受新事物的样子。这样的孩子会不停地问："这是什么？""为什么是这样？"无论什么事情，他们都会积极主动地参与。他们的

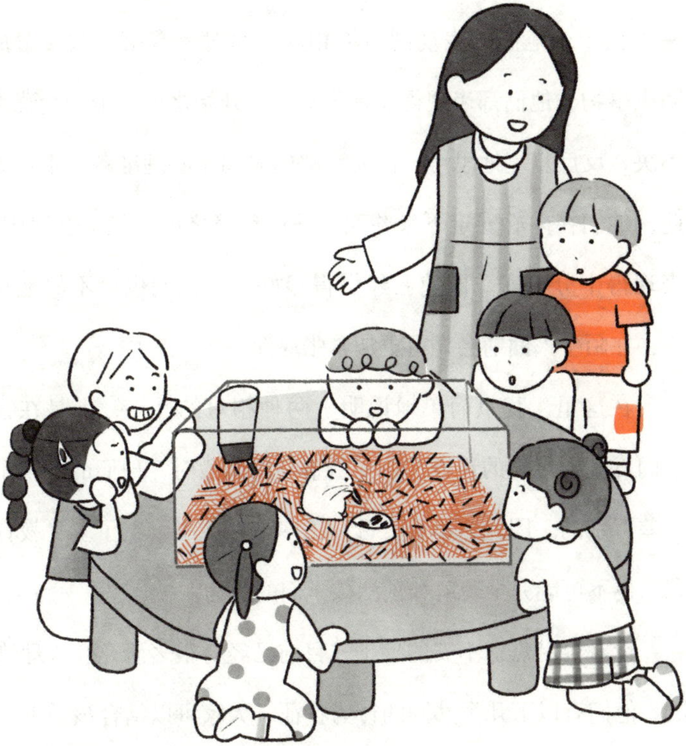

行为先于语言,经常在话说出口之前,手就已经伸了出去,把东西撒得满地都是。又或者他们满头大汗地玩了好久,却依旧情绪高涨,兴奋不已,看上去还是精力充沛的样子。但是还有一些孩子,他们的表现则恰恰相反。面对所有第一次接触的陌生事物,他们都表现得非常警觉。在开始之前,他们会犹豫不决,反反复复地思考,需要足够的时间做心理准备。不仅如此,他们在内心安定下来并完全适应环境之前,经常会哭闹,表现得十分不安。即使已经做得很好了,他们也会不停地担心,在陌生人面前会显得更加紧张局促。

在这里,我只简单地说明了两种相对的性格,但是在孩子们真正面对新的环境、接受新事物的刺激时,他们的表现是千差万别的。因此,不管父母读了多少育儿书,上了多少教育课,也不可能完全理解和预测孩子们的行为。

针对容易焦虑不安的孩子,目前已经有很多研究和心理测试。他们有以下几个共同的行为特征。大家可以结合孩子平时的行为表现,做一个简单的测试。

孩子的不安行为测试

1	惧怕和父母分开活动,希望父母可以和自己一起做一些事情。	☐
2	经常说"如果……,我该怎么办?"	☐
3	需要花很长时间才能适应新的环境(托儿所、幼儿园、学校等)。	☐
4	没有特殊的疾病,但经常会头疼、肚子疼。	☐
5	经常会担心几个小时、几天,甚至几周后才会发生的事情。	☐
6	遇到让自己担心和不安的情况,会反复向父母询问并确认。	☐
7	很难拉近和新朋友的距离,表现得十分紧张。	☐
8	做同一件事情的时候,会比同龄人更容易感到疲惫。	☐
9	惧怕挑战新事物,经常会表现出强烈的抗拒。	☐
10	拒绝向陌生的长辈问好,过度紧张。	☐
11	担心老师对自己发脾气,或担心老师会过分严格。	☐

12	长辈需要花很长时间才能安抚孩子的不安情绪。	☐
13	经常毫无缘由地紧张和不安，拒绝和逃避自己应该做的事情。	☐
14	担心和害怕自己做不好某一件事情。	☐
15	为了消除不安情绪，孩子会反复做同一个动作，或依赖像玩偶一样的东西。	☐

虽然表现出来的程度不同，但是大多数孩子在第一次面对新环境的时候，都会有上述的一些行为。因此，就算孩子有很多符合上述描述的行为，也不能断定孩子一定有严重的问题。但是可以明确的一点是，在面对新事物和新环境的时候，这些孩子会比同龄人更容易焦虑不安，适应时间也会更长一些。在这种情况下，父母应该学习一些育儿方法，让孩子更好地了解自己的情绪，给他们更多的选择。

孩子让我既担心又无奈

共情一个容易焦虑不安的孩子,耐心地等待他们适应并不是一件容易的事情。父母理解孩子、安抚孩子的时候,如果他们能够马上平静下来,那么无论过程有多么辛苦,我相信所有父母都会选择默默承受。但是现实并没有这么简单。大多数孩子是不可能很快地平复心情,或者在短时间内有所改变的。无论多么耐心地等待,孩子们总会找到新的让他们焦虑的事情。而且在大多数情况下,孩子都会因为承受不住这种焦虑和不安而哭闹不止,过分依赖父母。而父母在这种反反复复的过程中也会变得疲惫不堪,甚至会忍不住冲孩子发火。

不仅如此,孩子缓慢而微乎其微的变化也会让父母十分焦虑。我给很多父母上过课,其中有几个问题是他们会反复提到的:"我做得对吗?""我这样做,不会让孩子变得更软弱吧?"很多父母不禁会怀疑自己的教育方式。他们按照育儿书上看到的方法和听到的教育信息,尝试着理解孩子的情绪,但是仍然会感到不安,不确定孩子是不是真的有变化,不知道自己要坚持到什么时候,怀疑是不是自己做得不对。

特别是和同龄人有了对比以后，父母的危机感会变得更强，随之而来的还有无尽的焦虑。每当看到别人的孩子可以自己的事情自己做、不抗拒新事物、积极参与集体活动，这些父母就忍不住会想，是不是只有我的孩子落后了？因此心里非常苦恼。

我自己的孩子也非常容易焦虑不安，所以我偶尔也会在心里抱怨："这个孩子怎么做什么事都这么难！"不仅如此，即使大家对性别的偏见正在慢慢被打破，但是如果家里有一个容易焦虑不安的男孩子，他的父母就会听到更多质疑的声音。每次听到"一个男孩子，这么内向以后怎么办"，父母就会担心他受到同龄人的排挤，也害怕这样有一句没一句的否定会伤害孩子的自尊心。

我在养育孩子的过程中经常想，那些为孩子们准备的教育空间和课程并没有充分考虑到孩子的差异性，现有大部分的游戏空间都更适合活泼好动的孩子。游戏课和美术课通常都要求孩子离开父母，独立上课。大多数课程的内容也侧重于让孩子们强烈、快速地接受更多新鲜的刺激。即使在一些文化中心，孩子可以和父母一起参加活动，但是活动内容也大多如此。为了给孩子们提供更丰富的、可以促进感官发育的机会，文化中心通常都会让孩子在短时间内快速地接受更多的刺激。我不否定这些课程和空间，只是想说，这些空间和课程设计并没有很好地考虑到个体差异。因此，即使孩子一时无法很好地适应，我们也没必要立刻断定这一切都是因为孩子有问题，更没必要为此感到难过。我们要明白，每个孩子喜欢和可以接受的刺激是不同的，对新鲜刺激的接受度也有所差异。所以我们不应该把孩子的焦虑不安当成问题，而应该通过合适的方法和引导，把孩子的这些情绪变成他们的强项。

容易焦虑不安的孩子，他们的时间慢一些罢了

"老师，我的孩子为什么会这么焦虑不安？问题出在哪里？"

这是很多父母都会提出的问题。他们这样问，一方面是因为他们真的很想知道原因，另一方面也是出于担心，他们不确定自己的教育方式是否正确，怀疑孩子是不是因为自己才焦虑不安。其实，很多父母都知道应该承认和接受孩子的情绪，但同时也会忍不住担心，害怕孩子软弱的性格恰恰是他们导致的。因此，他们往往不能正确地共情孩子，不能给孩子支持，或者无法保持一贯的态度。

从结论来说，父母的教育方式的确是影响孩子的重要因素，但绝对不是导致孩子焦虑不安的原因。让孩子焦虑不安的原因有很多，甚至在正常的发育过程中，很多孩子普遍会感到不安。

孩子的焦虑不安是正常的发育过程

大多数情况下，我们都认为焦虑不安是一种应该回避的不良情绪。但是焦虑不安是所有人都会经历的正常情绪，正因为有这种情绪，我们才能获得保护自我的力量。可以说，焦虑不安的情绪是人类得以长久生存的原因。尤其在孩子发育的过程中，感受不安、焦虑、恐惧都是正常发育的一个阶段。大多数父母在养育孩子的过程中都会经历一段特别难熬的时期，那就是孩子长到8—10个月的时候。在这个阶段，孩子会把父母当成可以安抚自己的对象，所以一旦和父母分离，就会感受到强烈的不安并把这种情绪表现出来。因此，在这段时间，父母通常连上洗手间的时间都没有。虽然每个孩子会有不同程度的分离焦虑，但是此时的焦虑不安是大多数孩子都会经历的情绪。

这个阶段最终会过去。但是随着认知能力的提高，孩子会学会想象。因此，接下来他们会对怪物、妖怪等不同的事物产生恐惧感，即使是生活中常见的东西和普遍发生的情况，他们也有可能因为自己的想象而陷入恐惧。在这个阶段，孩子相信自己想象的事情都会发生，或者无法分辨梦境和现实，因而产生认知差异。此外，孩子的经验既不丰富，也没有足够的资源供他们提前预测、做好准备，因此，即使是一件在父母眼里微不足道的事情，发生在孩子身上的时候，他们也会觉得是一件天大的难以解决的事情。不仅如此，随着孩子的长大，他们面对的不只是自己的父母，还会逐渐接触到更复杂的环境和关系，遇到不同的人。此时，他们会表现出高度的紧张和害羞。虽然每个人表现出来的不安程度会有所不同，但是在孩子明白"我"不同于父母，"我"是一个独立个体，自我意识增强的时候，大多数孩子都会有这样的表现。

就这样，孩子在正常的成长发育过程中，会自然而然地感受到焦虑不安。如果父母能提前了解孩子的发育过程，就可以预料到孩子的行为，能够更轻松地应对这些状况。通常，这种类型的焦虑不安会在特定场景下出现，然后随着孩子的成长自然而然地减弱或消失。但是很多父母都看不出孩子在不同阶段的变化，就单纯地认为孩子自始至终都很焦虑不安。其实，孩子很有可能已经克服了上一个阶段的不安，进入下一个成长阶段，又遇到了新的不安。孩子就是在这样的过程中不断成长起来的。我们会发现,在不同阶段让孩子焦虑不安的对象和情况发生了变化,这就是孩子在好好长大的最直接的证据。对孩子多一些信任,相信他们都在正常地长大吧。

不同气质的孩子在焦虑不安时有不同的表现：气质和气质特征

气质是什么？

在孩子的发育过程中，"气质"是一个不可或缺的元素。气质是一个人天生的性格特征，因此气质不受外部环境的影响，而是从出生开始就持有的个人固有的生物学特征。大多数父母会简单地把气质理解为"挑剔的孩子、温顺的孩子、反应有些迟钝的孩子"，但是我们很难用"挑剔"一词来概括孩子的特征。我们需要仔细观察和理解构成气质的不同要素。

简单地说，气质是孩子拥有的"材料"，孩子会利用气质来完成性格发展这部"作品"。这份材料包含对新鲜刺激的好奇，对陌生刺激的焦虑，对他人关系的需求和敏感，感受的敏感度，持续的专注度等。每个孩子拥有的材料不同，材料的多少也不同。因为这些差异的存在，孩子在同样的环境里也会有不同的表现。气质不是父母和孩子主动选择的，而是与生俱来的特征。因此，父母不能改变孩子的气质，只能帮助孩子利用好气质这份材料，让孩子与自己和他人建立健康的关系，塑造健全的性格。

例如，假设一个孩子的气质中有较强的追求刺激的特征，那么他可能会对新鲜的刺激和新的环境充满好奇，自由奔放，而且会有很多随性的动作。他们的父母也许会因为孩子精力旺盛而疲惫不堪，或者担心孩子以后会不会变得太散漫。但是换一个角度考虑，就会发现，孩子对很多事情都感兴趣，遇到任何事情都能积极面对，这些同时也是他的优点。父母的目标不应该是改变孩子与生俱来的气质，而是要帮助他们，让他们学会集中精力，学会等待，像尊重自己的需求一样尊重他人的需求。

陌生的东西就让我焦虑不安：
避害性的具体要素

在前文中，我们谈到了气质。其中，有一个要素值得我们进一步仔细地观察，那就是"避害性"。避害性指的是面对陌生的刺激和环境时，回避、紧张和畏缩的程度。即认为新的刺激非常危险，从而强烈地表现出想要回避的特征。很多容易焦虑不安的孩子都具有这一特征。但是孩子的气质中有避害性特征，并不意味着他就一定有问题。在不同的发育阶段，孩子们都会遇到不同类型的不安。只是避害性特征比较明显的孩子会更加频繁地焦虑不安，在更多的情况下变得不安和恐惧。

即使如此，父母也不必过分担心这种特征会给孩子带来消极影响。就算是容易焦虑不安的孩子，他们也可以做到不被这种情绪淹没，慢慢学习和接纳新事物。接下来，我们再详细地聊一聊避害性，这是大多数容易焦虑不安的孩子都具有的特征。

避害性的具体要素

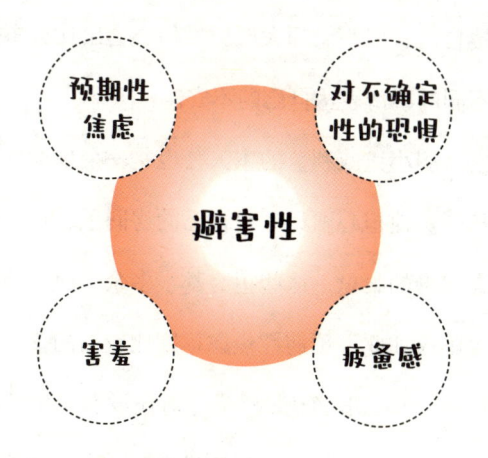

- 预期性焦虑
- 对不确定性的恐惧
- 避害性
- 害羞
- 疲惫感

1. 预期性焦虑

"预期性焦虑"指没有特殊缘由，突然袭来的焦虑和担忧。预期性焦虑程度较高的孩子大多会反复地提问、确认，甚至会担心还没有发生的事情。他们会担心妈妈突然离开自己，担心爸爸不来接自己，担心老师太严厉，担心会出什么事故等，经常会因为不同的事情表达自己的不安。

图画书《胆小鬼威利》的主人公也是一个预期性焦虑程度比较高的孩子。他担心雨只下在自己的房间里，担心鞋子会飞走。也许在父母的眼里，这些担心都很多余，但是孩子却紧张得不得了。不仅如此，预期性焦虑程度比较高的孩子还会经常说"如果……，那么我该怎么办"。对还没有发生的事情表示担忧的行为，可以理解为孩子想通过得到对方的回答来平复自己的心情。对这些孩子来说，强烈的刺激和难以承受的信息只会加剧他们的不安情绪。所以，作为父母，我们应该密切关注孩子的行为，再决定是否让孩子看一些也许会让他们感到不安的新闻和画面。预期性焦虑程度比较高的父母在养育孩子的过程中同样也会更加频繁地陷入莫名其妙的焦虑之中。抱着"也许会"的心态，他们在外出的时候会带上很多东西，或者把孩子送去郊游以后还会胡思乱想，害怕"万一发生什么事情怎么办"。这些行为都属于预期性焦虑。

2. 对不确定性的恐惧

避害性的另一要素就是"对不确定性的恐惧"。虽然这一点看似和"预期性焦虑"没有什么区别，但是两者各有特点。预期性焦虑是担心还没有发生的事情，而对不确定性的恐惧是指对无法预测的情况感到不安。如果无法保证"我很擅长""我能想到"，新的刺激和环境可能会诱发孩子的巨大恐慌。因此，只要不同于当前的情况，孩子就会强烈地抗拒，或者在完全适应之前，都会感到非常难过，表现出消极的回避态度。

大多数惧怕不确定性的孩子都需要比同龄人更长的时间才能适应托儿所、幼儿园和学校。他们不会轻易尝试新事物，而是倾向回避和拒绝。因此，每次到了新的环境，父母都要经历一段艰难又困惑的时间。不仅如此，好像孩子刚刚才适应，又要开始适应新的环境。因此，父母会反复地经历这个过程。不

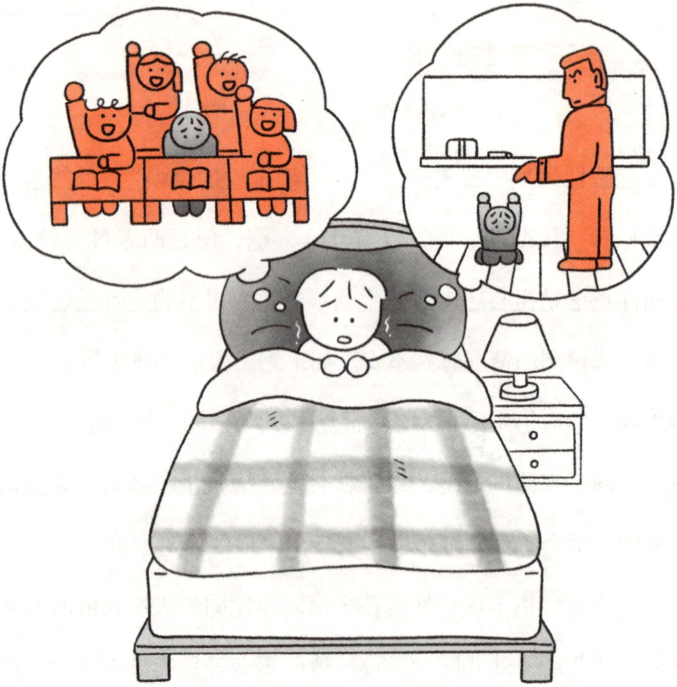

过，这些孩子通常都有一个优点：一旦对某种刺激和环境产生了信心，他们就会比一般的孩子适应得更好。他们会变得游刃有余，根本看不出最初的小心翼翼。正是因为这种反差，很多父母都会有些摸不着头脑。

3. 面对陌生人时会变得害羞

对"人"和"关系"感到紧张时，避害性特征也会变得更加明显。这就是"面对陌生人时的害羞"。很多父母简单地把害羞定义为不好意思，但是害羞可以被理解为孩子在面对陌生和无法预测的人时，出于不安和恐惧而表现出来的紧张。有一些父母和我说，即使是到了像游乐园一样有很多同龄人的环境，孩子也很难融入。还有人说，孩子总是拒绝和邻居打招呼。这些情况都让他们十分苦恼。如果孩子有这些行为，也许就是因为他们在陌生人面前会变得害羞。其实孩子也很想主动打招呼，很想和朋友们说说话，但是新鲜感和陌生感会让孩子变得焦虑不安，所以只能简单地低头问好。

还有一些父母和我说,"孩子每天都会和楼上的阿姨见面,但从来不打招呼","孩子经常去见奶奶,但是仍然非常抗拒,这让我们非常为难"。这时,我们一定要明白,虽然对于父母来说,这些人都是经常见面的熟人,但是对于孩子来说可能并非如此。虽然经常见面,但是如果孩子觉得对方和自己并不亲近,仍属于无法预测的对象,他们还是会感到焦虑不安。

4. 容易感到疲惫

避害性还包括"容易感到疲惫"的特征,即情感效能低下。具有这种特征的孩子,即使做的是同一件事情,也会比同龄人更加容易感到疲惫。作为父母,我们应该关注孩子是否有这种特征。如果不了解孩子的情况,就很容易想当然地认为"同龄人都会做差不多的事",然后盲目地给孩子建议,或者不顾孩子的情况,按照父母的标准要求孩子去做一些事情。这些都是错误的行为。孩子感到疲惫的时候,会通过哭闹来表达自己的情绪,因为孩子还很难用语言说明,也没办法解释清楚为什么自己会感到烦躁。

不仅如此,在能量消耗殆尽后,孩子也许会变得比平时更加敏感和焦虑。孩子这样的行为也会让父母更加疲惫不堪。"我已经很累了,但还是带着你出了门。你为什么还闹个不停!"一旦有了这样的想法,就没办法再理解孩子的心情了。其实,大人们也不例外。一些父母也同样会比一般人更容易敏感和疲惫。虽然通过运动和增强体力会有一定的帮助,但更重要的还在于理解自己的这一特征,不要和其他人比较,不要操之过急。

在容易焦虑不安的孩子中,有一些孩子可能同时具有上述4个避害性人格特征,也有一些可能只符合其中几点。在日常生活中,父母应该更多地关注孩子的反馈和对环境的反应,多思考孩子的气质特征,这样就能更好地理解孩子了。

当避害性遇到其他气质特征时，有什么表现？

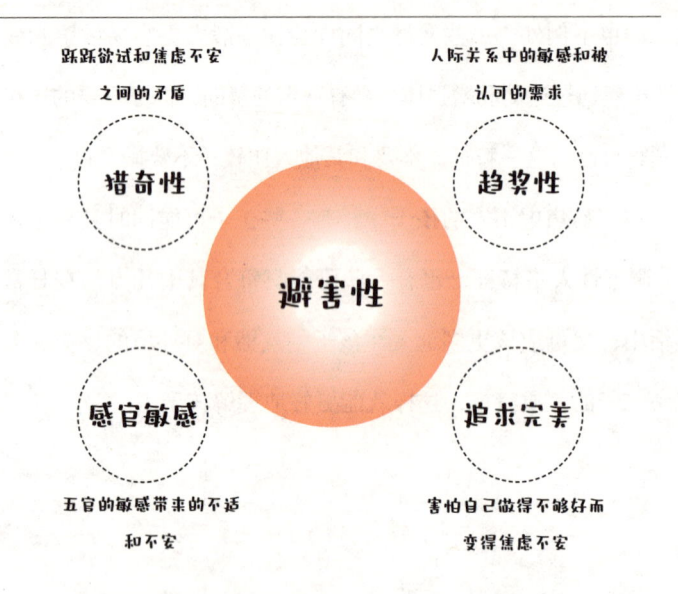

跃跃欲试和焦虑不安之间的矛盾

人际关系中的敏感和被认可的需求

猎奇性

趋奖性

避害性

感官敏感

追求完美

五官的敏感带来的不适和不安

害怕自己做得不够好而变得焦虑不安

避害性遇到其他气质特征后，会产生新的不安

避害性不是一种气质类型，而是气质的一种特征。因此，即使孩子会表现出明显的避害性特征，他也可能同时具有其他气质特征。焦虑不安是避害性气质特征最核心的表现，但是当它遇到其他气质特征时，孩子还会感受到新的不安和恐惧。接下来，让我们一起详细分析一下。

1. 避害性 + 猎奇性

很想尝试，但是又很害怕：对选择的不安

有些孩子气质中的避害性非常明显，但是同时他们对新的刺激和环境也充满好奇心，猎奇心很重。这种情况就是孩子同时拥有两种看似完全相反的气质特征。

这样的孩子在面对新的刺激和环境时，通常会表现出

"对选择的不安"。遇到新事物的时候，他们会有"哇！真好奇""我想试一试"的心理，但同时也会担心"如果做不好怎么办"，"真的要开始做了，反而突然有点害怕了"，因而产生矛盾的心理。想狠狠心尝试一下，心里却有点害怕，但是如果现在放弃，又觉得太可惜。由于这种矛盾的心理反复出现，孩子的内心是非常难受的，但是父母却很难捕捉到孩子的这种心理变化。因此，通常父母一开始会积极鼓励孩子，但最终又会忍不住大喊，"你到底想怎么样？""你再这样，下次就不要再说想尝试了！"冲孩子发起火来。如果父母读不懂孩子犹豫不决的内心，不理解孩子由此产生的不安，孩子就很难再了解自己的气质特征，以后也几乎不可能再踏实地做出自己的选择了。

2. 避害性+趋奖性

担心得不到夸奖：对关系的不安

除了避害性，很多孩子对他人的认可和人际关系也是非常敏感的。通常情况下，这些孩子在陌生环境中都处于高度紧张的状态。他们会担心很多事情，恐惧感也会更加强烈。但是同时，他们也渴望和他人建立联系，得到他人的认可。所以这些孩子会更加敏感地观察，思考怎样才能更快地拉近和人们的关系，怎样才能得到大家的夸奖，而不被大家指责。一旦有了想法，孩子就会快速行动起来。

对于这些孩子来说，"建立关系的对象"会加剧他们的不安，但也会帮助他们快速地平静下来并适应新的环境。例如，当孩子非常抗拒新的幼儿园，难以适应新环境的时候，让孩子觉得亲切的好老师可以帮助孩子更好更快地适应。虽然孩子对幼儿园的环境感到不安，但是一旦他发现了让自己感到安全的老师，就会快速地适应。与此相反，他人的反应可能会加剧孩子的不安，对关系的不安也会让孩子更加难以适应。

在幼儿园门口和孩子分别的时候，如果父母表现得非常担心，那么孩子也会变得焦虑不安。和孩子最亲近的人给出的反应会给孩子带来巨大的影响。父母担心不已的样子，只会加剧他们的不安情绪，孩子会想："啊，爸爸妈妈这么担心地看着我，这里一定是很危险的地方吧。"此外，当与同龄人的关系开始变得重要的时候，孩子会担心自己不能融入某一种关系或者害怕被其他人讨厌。同时具备避害性和趋奖性特征的孩子通常都会有这样的表现。

3. 避害性+追求完美

担心自己做不好：对完美的不安

有些孩子不仅具有避害性气质特征，同时还具有持续性和专注性。在必须做一件事情时，这些孩子可以快速地投入。即使一开始做不好，他们也会坚持反复地尝试，追求完美。因此，无论做什么事情，他们都会想方设法努力做到最好。正因为这个气质特征，他们不能随机应变，没办法游刃有余地应对变化的环境和状况。如果事情没有按照自己的意愿发展，得不到满意的结果，他们就更容易发脾气，更容易受到挫折。对于这类孩子来说，不安是促使他们取得成果的动力，同时也阻碍着他们轻易地开始一件事情。他们想做好一件事，把事情做到完美，但是又担心自己做不到，害怕自己会失败。因为这种不安，孩子只愿意做自己擅长的事，而不愿意尝试新的事情。因为不安的心理，孩子面对新事物时才会表现得十分抗拒，态度也比较消极。

4. 避害性+感官敏感

既不安又痛苦：感官上的不适和不安

有一些拥有避害性气质特征的孩子，感官上也非常敏感。感官敏感，正如它的字面意思，指的是听觉、视觉、触觉、味觉和嗅觉等感官的敏感。也就是说，在相同的环境里，这些孩子能感受到更多感官上的刺激。这种敏感会让孩子感到不适。对普通孩子毫无影响的声音，对感官敏感的孩子来说，也许就是非常刺耳的噪声。只要口感和味道稍微有点不对劲，孩子就会强烈地抗拒。可是孩子还没有学会好好地表达他们的不适，也不知道该怎样向爸爸妈妈提出要求，所以只能用哭闹或者大喊大叫的方式来发泄自己的情绪。如果家里有一个感官敏感的孩子，父母通常在育儿初期就已经变得非常疲惫了。所以即使孩子反复地提出要求，父母也会说"就穿这件吧""就吃一口吧""你就忍一忍吧"。当然，父母也是可以拒绝孩子的。毕竟我们不可能满足孩子所有的要求。问题在于父母会习惯性拒绝。这样一来，孩子就会用更激烈的方式来表达自己的不适和不安，而无法忍受的父母就会选择满足孩子的要求。

如果这样的情况反复出现，孩子就会感受到世界的不友好，错误地认为不耍脾气就解决不了问题。从结论来说，这样做会强化孩子错误的要求方式。很多拥有避害性气质特征、同时感官敏感的孩子会因为感官带来的不安，对陌生的刺激和环境产生更大的不安和恐惧。也许父母看不出其中的区别，但是对孩子来说，他们接收到的是陌生环境带来的不安和感官上的不适，也就是双重的不安和恐惧。虽然父母也备感疲惫，然而在这种情况下，孩子才是最辛苦的。

特定的想法和经验会加剧孩子的不安情绪。

孩子在发育过程中经历的不安，或者因为自身的气质特征感受到的不安，在遇到特定的想法和经验时，会变得更加强烈，比如发生了连父母也无法控制的特殊情况，或者让孩子暴露在强烈刺激的环境中。曾经有一位母亲向我咨询育儿问题，她的孩子就非常容易焦虑不安。她理解孩子并努力学习适合孩子的教育方式，孩子已经变得可以很好地控制自己的不安情绪，甚至可以勇敢地挑战新事物了。有一天，孩子和弟弟在家一起看动画片，妈妈为了扔垃圾，一个人离开了家。孩子已经可以接受短暂地离开父母，而且妈妈在外出之前，也向孩子说明了自己要去哪里做什么。但是在妈妈坐电梯下去的时候，火灾警报突然响了起来。其实，警报响并不是因为真的发生了火灾，只是一次简单的误操作。听到警报声后，妈妈慌慌张张地跑回了家，却发现孩子正站在门口大哭。无论妈妈怎样安抚孩子，孩子都很难平复心情。从这件事之后，孩子就寸步不离地跟着妈妈，因为孩子坚信，"只要妈妈离开，就会发生可怕的事情"。孩子不愿意让妈妈去洗手间，自己玩的时候也会经常喊"妈妈"，确认妈妈是否还在自己身边。看到孩子这个样子，妈妈担心孩子的情况又变糟了，便忧心忡忡地再次找到了我。我们又一次从头开始，重新安抚孩子的不安，努力改变让孩子不安的记忆。万幸的是，孩子很快就可以重新控制自己的不安情绪了。

　　像这样，孩子很害怕突如其来的、触发不安情绪的情况和信息。他们还缺乏解决问题的经验，认知水平也不高，所以表现出来的不安程度往往会让父母觉得非常惊讶。

　　了解了让孩子焦虑不安的情况以后，也许大家会想到自己孩子的行为，忍不住说出"啊！原来如此"！理解孩子以后，大家可能会更加心急，想知道"怎样才能帮到孩子"。也许很多正在读这本书的家长都可以共情孩子，都在努力地尝试去帮助孩子，但是因为孩子的变化不明显，所以感到非常苦恼。其实在短时间内，孩子的确很难改变。所以我们需要用更加谨慎、更加系统的方法去接近并理解他们。让我们一起阅读这本书，学习一些实用的方法吧。

从什么时候开始，不安变成了问题？

虽然我们已经了解了孩子的焦虑不安有可能是发育过程中出现的正常现象，或者是因为孩子不同的气质特征，但是看着这样的孩子，父母的心里还是有很多疑问的。"即使如此，孩子不会真的有什么问题吧？""虽然现在没什么大问题，难道以后也不成问题吗？""这种情况会不会变得越来越糟糕？"诸如此类的担心会一个接一个地出现。

孩子不会有焦虑症吧？

当孩子因为焦虑不安而做出某种行为时，我们很难仅凭他的表现就判断他是不是有问题。我们不能简单地说，如果孩子有这种行为就是正常的，或者有那种行为就是不正常的。相反，我们要仔细地观察这种行为的持续时间、反复程度，出现了哪些变化以及对正常生活的影响。

与不安情绪相关的焦虑性障碍也有很多不同的种类。有只针对某种特定对象（比如狗、高处等）的特定恐惧症，有面对人际关系时极度紧张、身体变得僵硬的社交恐惧症，还有并非特定的情况，而是无论遇到什么事情，都能想象出最坏的结果，由此感到不安的广泛性焦虑障碍。但是通常情况下，我们很少会断定孩子有焦虑症。至少要等到 7 岁，孩子的认知水平比幼儿阶段得到了提高以后，我们才会考虑孩子的不安情绪是否为焦虑性障碍的表现。

接下来，我想讲一讲，判断孩子的不安情绪是否正在发展为病症的几个标准，家长可以参考这些标准。

第一个标准是，孩子的不安情绪是否"长时间地持续"，孩子的情况是否处于停滞状态，没有明显的好转。变化的速度慢一些没关系，孩子的发育比同龄人慢也不是严重的问题。如果孩子在逐渐摆脱不安情绪，慢慢地进步，那么父母一定能感受到的。例如，从去年到今年，孩子都对上幼儿园很抗拒。但是如果孩子有变化，哪怕今年只是比去年少哭一会儿，或者可以比去年更快地平静下来，无论多么微小的变化，父母都是可以感受到的。孩子没有被不安情绪打败，而是在慢慢地向前走，这是一个非常重要的信号。如果随着时间的流逝，孩子的情况越来越糟糕，那么父母就要及时出手帮助孩子了。

第二个标准是，孩子是否因为焦虑不安而极度痛苦，甚至影响了日常生活和正常发育，而且身边的家人也深受影响。恐惧，甚至抗拒尝试新事物，需要更长的适应时间都是很正常的。但是如果孩子因为强烈的不安和恐惧，已经无法在日常生活中正常地学习新东西和经历新事情，而且这种情况长时间地反复出现，让孩子大受打击，缺乏自信，还直接或者间接地影响了其他家庭成员的生活，那么这个孩子一定在经历难以承受的不安。此时，判断"孩子是否患有焦虑性障碍"就没有那么重要了，孩子需要来自专家的帮助。

这本书讨论的是面对在发育过程中或者因为气质特征而容易焦虑不安的孩子时，父母应该怎样通过合适的育儿方法去帮助孩子。如果无法判断孩子的不安有多么强烈，可以参考本书第三部分"我要带孩子接受心理咨询，或者去看小儿精神科吗？"的内容，早一点寻求专家的帮助。

不会是我错误的养育方式加剧了孩子的不安吧?

如果孩子容易焦虑不安,那么父母通常会先从自身找原因。会不会是我在无意间加剧了孩子的不安,是不是我的养育方式有问题,有可能是依赖关系的问题吗?父母的育儿态度固然非常重要。尤其在初期,父母和孩子建立的关系会给孩子带来心理上的安全感,父母会成为孩子的安全网,让孩子独立走向世界。此外,每个孩子都有各自的特点,父母在教育孩子、纠正孩子错误的行为、让孩子认知自己的优点等方面,都发挥着重要的作用。但是这并不能说明,孩子的焦虑不安都归咎于父母。正如前文所说,孩子的发育阶段、气质特征、外部经验和孩子所在的环境等多种因素都会影响孩子。同时,父母之间的关系和他们养育孩子的态度也可以帮助孩子克服不安。

所以我想奉劝各位父母,不要停留在过去,老是反省自己,而是把更多的关注点放在寻找能够帮助孩子的方法上。

美国约翰·霍普金斯大学医学院的心理学家戈尔达·S.金斯伯格和玛格丽特·C.施洛斯伯格在2002年发表的论文《儿童焦虑症的家庭治疗》中写道，父母的过度控制和保护，对孩子不安情绪的过分赞同和强化、回避和放任，拒绝提供帮助、提出指责等对安抚孩子的不安情绪毫无帮助。

孩子的不安也会让父母变得不安起来。尤其是在孩子因为不安情绪做出过激行为的时候，父母会因为惊慌失措而无暇思考正确的应对方法。因此父母的态度通常会有些被动，比如他们会过度保护孩子，尽量让孩子远离让他们感到不安的事情，放任孩子的回避行为。当父母自己的压力过大时，也会因为不知道如何应对，甚至出现指责孩子、拒绝提供帮助等带有攻击性的行为。

我们有必要学习明确、具体的方法，避免这种被动的情况，给孩子正确的反馈。如果父母能够理解孩子内心的变化，学习并运用具体、恰当的方法，那么父母一定会成为孩子坚定的支持者，让孩子在不安袭来的时候不再迷失自己。接下来，让我们一起学习如何应对孩子的不安情绪。

第二部分

怎样才能避免让孩子深陷焦虑不安?

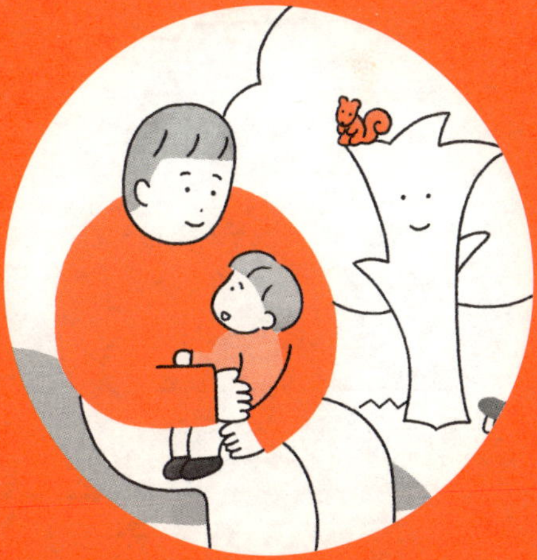

父母应该让
容易焦虑不安的孩子

学会什么？

即使父母理解孩子的焦虑不安是成长过程中一定会经历的正常现象，或者是某种气质特征的外在表现，他们仍不能就此抛开所有烦恼。很多父母在听完我的讲座后，都会和我说："我理解为什么孩子会这样，但是也不能让孩子一直这样下去啊。""如果不安是因为孩子的发育和气质，我们就只能无条件地等下去吗？"他们还会问我："怎样才能让孩子不这么焦虑呢？有没有什么好办法？"我很理解他们，看着焦虑不安的孩子，父母一定既无奈又心急。

和这些父母的孩子一样，我的孩子也很容易焦虑不安。现在，我的孩子已经10岁了。在教育孩子的过程中，我无数次地感慨："我都这么累，孩子该多么辛苦啊！"所以，我也想改变孩子的气质特征。

但是父母真的可以为孩子消除所有让他们焦虑不安的事物

吗？如果你真的这样想，那么这本书一定会让你非常失望，因为这几乎是不可能的。尤其是孩子因为自己的气质特征时而感到焦虑不安，无论父母多么努力，他们到了陌生的环境，还是会紧张畏缩。焦虑不安是孩子在面对陌生事物时的自然反应。不同气质特征的孩子会有不同的表现，但是他们给出的反应都是天性使然。例如，对新的刺激和环境充满好奇心的孩子，会有很多随意的动作。对于这些孩子来说，"面对新环境毫无反应"也是很困难的。孩子对刺激和环境的第一反应是我们无法控制的。

难道因为这是孩子的气质特征和他们的自然反应，我们就必须接受和放任不管吗？

从父母的立场来说，在一旁守护孩子、等待孩子成长不是一件容易的事。我偶尔会听到有人说："不要太担心，孩子长大就会好了。"这个说法有一定的道理，但并不适用于所有的情况。例如，有一些让孩子焦虑不安的东西会自然而然地消失。因为随着年龄的增长，孩子积累的经验越来越多，就会自然而然地明白"原来那并不可怕"。但是如果孩子觉得可怕的事情反反复复地发生，他们的内心就会产生更大的恐惧。尤其当孩子比同龄人更容易焦虑不安时,父母袖手旁观式的等待不是一个好办法。孩子应该学习如何改善自己的气质特征,否则就会慢慢地被焦虑不安的情绪吞噬,失去应对的能力。

父母的角色是帮助孩子,让孩子战胜自己的焦虑不安。

我们应该明白,想让孩子更好地调节自己的情绪,父母应该做的不是替孩子遮挡或者消除这些焦虑不安的情况,而是培养他们管理和调节这些情绪的能力。一旦对父母的角色有了错误的定位,我们就会错过最重要的时间点,无法给孩子提供帮助。

作为父母,我们不可能每时每刻、永永远远地陪在孩子的身边。孩子还小的时候,我们可以提前消除让孩子感到焦虑不安的东西,也可以在他们感到焦虑不安的时候,冲过去保护他们。但是从某个阶段开始,孩子就必须独自承受,做出自己的选择了。毕竟父母不可能跟着孩子一起上学,等孩子成年上班的时候，父母就更不可能继续守在他们的身边。因此，孩子不应该一味地回避，而应正确地认知自己的焦虑不安。不仅如此，在感到焦虑不安、想要回避的时候，孩子应该有能力正确地应对。这时，如果有几种可以缓解焦虑的方法，他们就可以更轻松地解决问题了。也就是说，孩子最需要的是"战胜焦虑不安的方法"。父母的角色则是通过合适的反馈，让孩子获得这种方法，帮助他们积累更多成功的经验。这就相当于游戏中的道具，每次遇到危机的时候，都可以拿出来使用。

那么，我们怎样才能让孩子不再回避，而是勇敢地战胜自己的焦虑不安呢？在今后的日常生活中，大家可以试着去运用我介绍的这几种方法。

孩子焦虑不安时，我有什么样的反应？

在学习具体的方法之前，我们先做一个测试，看一看大家对孩子的焦虑不安有多高的接受度，又能给孩子提供多大的帮助。

1. 我对孩子的焦虑不安有多高的接受度?

(父母接受程度测试)

请把所有问题的得分加起来,看一看自己对孩子的焦虑不安有多高的接受度。

		非常符合	大部分符合	完全不符合
1	看到孩子一直在担心某一件事情,我就会很生气。	1 ☐	2 ☐	3 ☐
2	我认为焦虑不安是对人毫无帮助的情绪。	1 ☐	2 ☐	3 ☐
3	我不理解为什么孩子会焦虑不安,因此经常感到非常烦躁。	1 ☐	2 ☐	3 ☐
4	听关于孩子焦虑不安的事情以后,我会变得更加焦虑。	1 ☐	2 ☐	3 ☐
5	我认为相比同龄人,我的孩子已经落后太多了,所以心里经常会着急。	1 ☐	2 ☐	3 ☐
6	孩子消极的行为经常让我感到烦躁。	1 ☐	2 ☐	3 ☐
7	我很难耐心地等待孩子适应新的环境。	1 ☐	2 ☐	3 ☐

8	为了让孩子变得更加勇敢，我经常建议孩子接受新的变化，做新的尝试。	1 ☐	2 ☐	3 ☐
9	我很难说出孩子在性格上有什么优点。	1 ☐	2 ☐	3 ☐
10	我担心容忍孩子的焦虑不安会让孩子变得更加软弱。	1 ☐	2 ☐	3 ☐

【总分30—26分】对孩子的焦虑不安有很高的接受度

面对孩子的焦虑不安，你可以最大限度地包容孩子的情绪，耐心地等待孩子。你理解孩子的焦虑不安，同时在努力地共情孩子，尽量做到不用消极否定的眼光看待这种情况。不要再担心"共情是否会让孩子变得更加软弱"，要对自己目前的育儿方式充满信心！

【总分25—16分】时常不能很好地接受孩子的焦虑不安

作为父母，你正在努力共情孩子，等待孩子，但是看到孩子焦虑不安的样子，你也经常会担心，甚至因为心急，忍不住冲孩子发火。你知道应该去接受孩子的情绪，但你可能还不是很清楚自己为什么要这么做。你要明白，共情最终可以帮助孩子战胜焦虑不安,所以要更加坚信自己的做法是正确的。

【总分 15—10 分】不太能接受孩子的焦虑不安

你很难接受孩子的焦虑不安。你认为孩子的这种情绪是非常消极的,所以想让孩子尽快解决和克服这个问题。作为父母,有这种想法也是很正常的。但是这样一来,父母就几乎不可能共情孩子了。你需要理解为什么要共情孩子,学习和练习共情孩子的具体方法。

2. 我能很好地安抚孩子焦虑不安的情绪吗?

（父母应对策略测试）

		非常符合	大部分符合	完全不符合
1	我不知道孩子在什么情况下会感到焦虑不安。	1 □	2 □	3 □
2	在孩子感到焦虑不安时,我不知道应该做出什么样的反应。	1 □	2 □	3 □

		1	2	3
3	我不知道怎样帮助孩子尽快地适应新的环境。	☐	☐	☐
4	我很难找出让孩子焦虑不安的原因。	☐	☐	☐
5	当孩子焦虑不安的时候,我不知道应该先做什么事情。	☐	☐	☐
6	我几乎没有成功化解过孩子的焦虑不安。	☐	☐	☐
7	虽然我很努力地想要等待孩子,但是我对此没有信心,也会因此经常不安起来。	☐	☐	☐
8	我从来没有因为孩子的焦虑不安寻求过专家的帮助。	☐	☐	☐
9	我认为随着年龄的增长,孩子的焦虑不安会自然而然地消失。	☐	☐	☐
10	我不确定自己的教育方法是否对孩子有利。	☐	☐	☐

大家可以计算一下自己的得分,看看自己是否有能力安抚好孩子焦虑不安的情绪。

【总分30—26分】

当孩子焦虑不安时,你知道应该怎样安抚孩子,而且对自己很有信心。

面对焦虑不安的孩子,你清楚自己应该做出什么样的反应,知道孩子焦虑不安的原因,也掌握了帮助孩子的具体方法。你对自己的育儿方法很有信心。如果能够接受孩子的情绪并共情他们,就能更好地帮助孩子健康成长。

【总分25—16分】有时孩子的焦虑不安会让你难以承受

你知道应该怎样安抚焦虑不安的孩子,但是很难在现实生活中运用这些方法。你可能会想"这样也可以吗",对自己的教育方法没有百分之百的信心,所以很有可能无法保持一贯的态度。你需要学习如何正确地回应孩子,学会耐心地等待孩子。

【总分15—10分】孩子的焦虑不安会让父母非常混乱

当孩子感到焦虑不安时,你完全不知道也不确定应该怎样回应孩子。你会根据自己的情绪和当时的情况,给出随机性的反应，甚至会加剧孩子的焦虑。你需要学习和练习安抚孩子的方法。

测试的结果怎么样？为了更好地安抚孩子，我们不仅要学会接受他们的情绪，同时也要学习具体的方法。如果父母可以接受孩子的情绪，但不能提供有效的帮助，那么孩子依然很难克服自己的焦虑不安，无法健康地成长。相反，如果父母知道应该怎样帮助孩子，但做不到共情孩子，那么孩子会因为缺乏安全感，拒绝做出改变。因此，我们要在接受孩子情绪的同时，兼顾学习方法。接下来，我们就一起学习一些可以帮助孩子的方法。

克服焦虑不安的方法 1：

用共情和等待来接受

任何人都无法完全避免焦虑不安，但我们可以控制好这种情绪。作为父母，我们应该引导孩子学会控制情绪的方法，在生活中主动运用这些方法。不过，孩子可能需要多花一些时间和精力，才能做到这一点。父母也不用过于担心，因为每个孩子都有需要学习的东西，只是每个人需要努力的方向不同罢了。例如，容易焦虑不安的孩子要学会克服这种情绪，而好奇心强、好动的孩子要学会忍耐和守规矩。

为了让孩子克服自己的不安情绪，父母应该做到的两个基本点：共情和等待，也就是接受孩子的情绪，接受孩子在受到新的刺激或者到了一个新的环境时，需要更长的适应时间。父母一定要牢记这两点，只有这样，我们学到的方法才会奏效，孩子才有机会积累更多的经验，慢慢走向更广阔的世界。

积累让孩子战胜焦虑不安的资源

基本点1

孩子的焦虑不安应该得到共情

我们为什么无法共情孩子？

很多父母都明白，当孩子焦虑不安时，我们应该去共情他们。但是看到孩子焦虑不安的样子，我们很难真的去共情孩子。孩子不停地哭闹，哼哼唧唧地黏在大人身上，这些行为都会让父母疲惫不堪，最终还会忍不住冲孩子发火。所有的教育课程都会强调"共情"的重要性，但是世界上几乎没有可以做到真正共情的父母。尤其是焦虑不安通常被认为是"消极情绪"的情况下，全心全意共情这种情绪，对父母来说是一件很难又很尴尬的事情。

作为父母，难以共情孩子的情绪有以下几个原因：

第一，不理解为什么要共情孩子。很多人都知道共情很重要，但是不能正确理解共情对孩子的影响。尤其是很多人并不清楚，其实共情孩子不仅仅是为了安抚他们，更是要帮助他们控制住这种情绪。正是因为父母不太了解，所以才会经常忽略掉很多东西。

第二，怀疑共情是否会让孩子变得更加软弱。当孩子焦虑不安的时候，很多父母都是一边共情孩子一边做内心斗争："我的这种反应会不会加剧孩子的不安情绪？""我这样是不是太惯着孩子了？"这种想法和"那也要共情孩子"的责任感之间就会产生矛盾。因为这种矛盾，父母时而对孩子非常容忍，时而又选择弱化甚至回避孩子的情绪。这样的疑虑也会让父母在孩子面前无法保持一贯的行为和态度。

第三，大多数父母不知道共情孩子的具体方法。现在养育孩子的父母，在他们自己的成长过程中也很少得到父母的共情。在我们成长的年代，大家还没有"共情孩子"的意识。

我曾经也是一个容易焦虑不安的孩子，从小到大经常听大人说"不要哭了""哭也解决不了问题"这样的话。很多咨询我的父母说，他们小的时候也经常听父母对自己说："你这么爱哭，一点都不像个男孩子，别哭了！""有什么好害怕的，你怎么会这样？"我们就是在这样的环境里长大的。而没有被共情过的我们，在自己成为父母以后，却经常听到大家说"共情"有多么重要。因此，很多人都感到不知所措。这就像要求我们做一份从来没吃过的食物，还要保证做出来的味道和餐馆里售卖的一模一样，多么讽刺啊。不仅如此，如果只是生硬的

共情，那么父母和孩子沟通的时候也会显得不太自然，还会感到很难为情，有时候甚至会怀疑自己："我这样做对吗？"此外，面对孩子焦虑不安的情绪时，父母本身也会觉得不舒服。父母认为焦虑不安是消极的，希望自己的孩子不要感受到这些情绪，所以心急地想帮孩子尽快解决掉这个问题。这也是为什么父母会先和孩子说："要不要试试这个办法？""别人都是这么做的啊。"而不是把共情放在第一位。

为什么要共情孩子？

既然共情这么难，我们为什么还要努力去共情孩子呢？

"共情孩子"并不意味着"只有共情"。这句话不是指"只做到共情孩子"，更准确的理解应该是"首先要做到共情孩子"。尤其是在孩子因焦虑不安而哭闹不止的时候，先共情孩子是非常重要的。因为在焦虑情绪达到顶峰的时候，孩子都处于非常激动的状态。这时，无论和孩子说什么，他们都很难再接受信息了。从父母的立场来看，我们都很想尽快帮助孩子解决情绪问题，但有时我们也可能会因为这种情况反反复复地出现而备感疲惫，所以想随便应付一下。但共情孩子是帮助他们走向下一个阶段的基础。只有得到了共情，孩子才会接受更多的信息。

虽然一开始的时候，共情的确非常难，但是良好的对话习惯非常有利于和孩子建立信任关系。共情会让孩子觉得"爸爸妈妈会考虑我的感受""他们不认为这是我的错""他们会听我说的话"。这就是父母和孩子之间的信任感。只有建立了信任，父母才能更好地给孩子传递应对方法和解决方案。

换一个例子来说明，大家就更容易理解了。在别人提出建议或者提供帮助的时候，我们一般不会无条件地接受。如果对方认真倾听我们，共情我们，我们才会相信他们说的话，接受他们的建议。与此相反，如果对方不好好听我们说话，自顾自地提出解决方案或者指责我们，我们会有什么样的感受呢？即使对方给了很好的忠告，我们也很难接受。

在持续得不到共情的情况下，"共情的重要性"就变得格外突出了。孩子向父母表达了自己的不安和恐惧，但是父母却不能共情，只想着帮助孩子解决问题，孩子会怎么想呢？一开始,孩子可能会哭闹、耍脾气,或者会表现得很顺从,但是孩子内心一定会想:"我的心情不需要和爸爸妈妈分享。"

一旦有了这个想法,孩子就不愿意再和父母倾诉自己的焦虑不安。可是孩子不说并不代表他们内心的不安和恐惧就真的消失了。孩子不把自己的感情表露出来,父母就得不到信息。这样一来,孩子就没办法通过和父母的对话,借助父母的经验,学会控制自己的不安情绪了。因此,我们必须要做到"先共情孩子"的焦虑不安,只有得到了共情,孩子才会慢慢学会控制情绪的方法。

怎样才能更好地共情孩子?

即使理解了共情的重要性,我们也很难在现实生活中真正地共情孩子。很多父母经常对孩子说,"原来如此,原来你是这么想的啊"。这样的表达方法没有错,但是让很多父母觉得有些尴尬。因此,很多人在刚接受完咨询,或者刚刚读完一本育儿书后,都会积极地尝试去运用学到的方法,但是他们很快就会忘记这些内容。

为了更好地共情孩子，我们需要准确地理解我们应该共情的是什么。从结论来说，父母应该共情的不是"孩子的行为"，而是"孩子的情绪"。有一些人担心，共情会不会让孩子变得更加依赖自己或者变得更软弱。还有很多人不确定在孩子做错事的时候，是否仍然要共情孩子。可以说，有这些疑问的人都属于在教育和共情之间摇摆不定的父母。他们会这样想，最根本的原因是他们没能准确地理解自己应该共情孩子什么。正确的共情不同于教育，也绝不会让孩子因此而变得软弱。

1. 反应不需要太夸张，也不要过分代入感情

我们应该共情孩子，但是在面对孩子的情感表达时，反应不要过于夸张。这样做，反而会让一些孩子感到压力。例如，孩子说："妈妈，我害怕和新的朋友见面。"有些父母会非常夸张地回答："你这么害怕怎么办？你说害怕，妈妈特别担心，特别难过。"尤其是心思敏感、很容易受他人情绪影响的孩子，看到父母的这种反应，他们可能会觉得"原来是我让爸爸妈妈

难过了"。此外，小学中高年级的孩子也会对父母这种夸张的反应感到不舒服，甚至会非常厌恶。其实，用冷静、沉稳的语气就可以共情孩子了。

2."有这种情绪很正常"，做到接受孩子的情绪就好

共情孩子并不容易。即使是经验丰富的专家，也经常说"共情"是最难的课题。作为父母，我们做不到百分百的共情，但是我们可以做到抓住核心，给出正确的反馈。而共情的核心，就是让孩子知道"有这种情绪是很正常的"。听到孩子说"妈妈，我好害怕，好担心"的时候，很多父母会脱口而出"有什么可怕的！上次你都做过了啊""这一点都不可怕""比你小的孩子都能做到啊"，想通过这些话来安抚孩子、说服孩子。但是，这样做并不能让孩子鼓起勇气，反而会让他们觉得"原来其他人都没有问题，只有我觉得害怕"，从而认为自己的感受和情绪都是错误的。这时，在做出判断和尝试说服孩子之前，父母应该说："这样啊，确实会让人害怕呢。""没错，是会觉得可怕。""因为是第一次，所以才会感到不安。"这些话也

会减轻父母的负担和烦恼。我们对孩子说"有这种情绪是正常的",并不意味着"就像你感受到的一样,这的确是非常可怕的事情",而是让孩子明白"我懂你的感受,你有这样的情绪没有错"。多练习说一说这些话,让自己习惯于这种表达。这样在孩子表达负面情绪的时候,父母就既不会觉得尴尬,又能给孩子合适的反应了。

3. 一定要避免指责孩子的表达方式

偶尔有些家长在看到孩子焦虑不安的样子时,会变得非常烦躁,而且完全压不住心里的火。毕竟孩子这样闹也不是一两天的事情,每天面对这样的孩子确实会觉得很疲惫,也不想再共情孩子。

尤其是如果父母没有这方面的问题,他们就会非常不理解孩子,不知道他们为什么会这么焦虑不安。无法从心底共情孩子的时候,父母可以说几句比较常说的表示共情的话。有时,先改变自己的表达方式,心态和想法也会发生相应的变化。

如果很难在当下共情孩子,那么至少要做到不去指责孩子。"你为什么每次都这样？""其他孩子都能做，为什么只有你怕成这样？""你总是这样，是想当一个胆小鬼吗？"现实生活中，很多父母经常会对孩子说这些话。这种表达不仅不会让孩子好起来，还会恶化父母和孩子之间的关系，甚至由此引发一连串更严重的问题。如果在孩子焦虑不安的时候，你也曾经在不经意间指责过孩子，我建议大家还是要花一些心思，先改掉这个习惯。

4. 在必须教育孩子的情况下，要做到在限制孩子行为的同时，接受孩子的情绪

虽然共情很重要，但这不意味着我们要接受孩子的所有行为。

不过在现实生活中，很多父母都对这一点感到困惑。因为我们没有一个明确又清晰的标准，无法判断孩子在做了一件事情的时候，是应该教育还是应该接受。偶尔也会有一些父母问我："如果遇到了需要教育孩子的情况，我该怎样做到共情他呢？"很多人都觉得不可能同时做到这两件事。但是只要我们

有一条清晰的标准，这也是完全有可能做到的。

我们应该接受的是孩子的感受。但是这并不代表因为某种情绪，孩子就可以为所欲为。而教育，是为了帮助孩子做出更好的选择。

例如，六岁的哥哥正在玩玩具，刚满三岁的弟弟跑过来，一把抢走了哥哥的玩具。哥哥特别生气，就把弟弟推倒了。弟弟摔在地上，磕坏了脑袋。孩子们又哭又闹，场面非常混乱。这时，我们应该接受哥哥的什么行为，又应该教育他什么呢？

因为被弟弟抢了玩具，哥哥心里很生气。这不是应该通过教育处理的问题，而是父母应该接受的部分。父母应该去共情哥哥，对他说"你确实会有这样的情绪"，"弟弟突然把你的玩具抢走了，所以你才会生气，才对弟弟发了脾气。我可以理解你"。只有这样，哥哥才知道自己做出这种行为的"原因"是什么。但是因为哥哥难过，就应该接受他对弟弟发脾气，把弟弟推倒吗？作为父母，我们应该教育哥哥，绝对不可以伤害其他人，哥哥也应该明白推弟弟是错误的行为并学会更好的处理方法。这就是教育该做的事情。父母应该把共情和教育区分开来，对哥哥说："弟弟抢走了你的玩具，所以你很生气吧。

换作是妈妈,我也会很生气。不过我们不能因为生气就伤害弟弟,这是很不好的行为。"接下来,我们还可以给孩子提供一些应对的方法,比如父母可以建议哥哥:"你可以对弟弟说,玩具是我的,所以请把玩具还给我。或者,你还可以寻求妈妈的帮助。"同时,父母也应该教会弟弟一些事情。无论弟弟有多小,在哥哥明确地表达自己的诉求以后,我们都应该让弟弟把玩具还给哥哥,把哭闹的他带到别的地方,好好安抚他的情绪。只有这样,两个孩子才能学会正确的行为方式。

面对孩子焦虑不安的情绪时,也是同样的道理。孩子可以说出自己的恐惧和担忧,父母要平静地接受。但是如果出于这个理由,孩子乱丢玩具或者在公共场合乱发脾气,这些行为是我们必须制止的。

5. 分享父母的经验和情绪

在养育孩子的过程中,父母时常会在孩子身上看到过去的自己。在这种情况下,父母分享自己的经验和感情也是共情孩子的好办法。如果想到自己类似的经历,可以自然地讲给孩子听。例如，可以和孩子说："妈妈小时候也和你一样，每次换到新班级的时候，心脏都会扑通扑通跳个不停，担心得睡不着觉。""爸爸晚上躺在床上也会胡思乱想，担心自己的爸爸妈妈会突然离开自己。你会想到这些事情，其实都是很正常的。"听到自己爸爸妈妈的这些话，孩子就会明白，原来别人也会和他们一样感受到焦虑不安，从而慢慢地安定下来。尤其是当孩子明白和自己最亲近的大人，也就是他们的爸爸妈妈也有过和他们一样的经历，就会备受鼓励。

但是在分享自己的经验和情绪的时候，父母要格外注意两点：

第一，不要经常使用这个方法。尤其不要为了分享而故意编造或者撒谎。父母应该在孩子真正有需要的时候，恰当地进行分享。

第二，只分享相同的经验和感情，而不要去教育孩子或者唠叨个不停。"但是那个时候爸爸妈妈是这么做的，所以你也可以试着这么做……"如果再接着说这些话，就不能通过分享自己的经验，达到支持孩子的目的了。

基本点2

等待孩子，接受孩子的速度

究竟要等到什么时候，等多久呢?

容易焦虑不安的孩子，通常动作也会慢一些。在面对新的刺激和环境时，他们不会产生强烈的好奇心，从而不会积极地参与其中，而是赖在父母的身边，小心地观察着周围的环境，还会哭闹着表示抗拒。很多父母都明白强迫是没有用的，对孩子也没有好处，所以会抱着"好吧，等等孩子"的想法，等待孩子慢慢好起来。几乎所有的专家都会在育儿课程和育儿书里强调"等待很重要"。

但是对于真正养育一个容易焦虑不安的孩子的父母来说，

等待的时间是让人非常焦躁不安的。他们会想:"孩子这个状态究竟要持续多久?""难道等一等,孩子就真的会变好吗?"花大价钱给孩子报了体验活动,或者带孩子去了很昂贵的游乐园,如果孩子还是拉着自己的衣角,离不开自己,父母都会觉得非常烦闷。听到身边的人时不时地说:"是不是他们太护着孩子了?""孩子是不是太依赖爸爸妈妈了?"父母也会变得很在意,心里很难受。

在咨询的过程中,我发现大多数养育男孩的父母,这种心理负担会更大一些。毕竟在祖父母那一辈,或者是社会对性别的传统观念里,依然存在"男孩应该如何如何"的偏见,所以即使都是容易焦虑不安的孩子,如果他是个男孩,父母就更难做到耐心等待了。

当我提出"你们知道为什么要等待孩子吗?你们知道要等待孩子的什么吗?"的时候,大多数父母都给不出很好的答案。

大家在养育一个需要等待的孩子时,是否认真思考过这个问题呢?

孩子需要自己去认知和适应的时间

等待孩子,不是为了简单地做一个好爸爸、好妈妈,也不是为了让孩子心里更舒服一点。我们等待孩子的原因,是为了给他们一些"时间",给他们足够的时间去了解和熟悉新的刺激和环境,从而接受这些新事物。有一些孩子几乎不需要这样的时间,或者只需要很短的时间。新的刺激反而会让他们兴奋不已,所以他们很快就可以行动起来。但是,容易焦虑不安的孩子在面对新事物的时候,是需要"学习的时间"的。

例如,每个孩子适应新幼儿园的时间都是不同的。大多数孩子在陌生的环境中都会有哭闹的情况,或者表现得很抗拒。而且孩子越小,就越难和养育者分离。通常经过1—2周的时间,孩子就会慢慢适应。但是容易焦虑不安的孩子就不一样了,即使过了一个月,他们也非常抗拒上幼儿园,甚至会表现得比第一天更加难以适应。

即便如此,如果父母可以耐心地等待孩子的变化,那么孩子在每天反复做同一件事情的过程中,会慢慢发现在幼儿园生活的规律，开始熟悉新的环境并逐渐适应，就会慢慢平静下来。孩子表现得越焦虑不安，父母就越要减少变化，坚持规律地接送孩子，这也是帮助孩子尽快适应幼儿园的好办法。

适应新环境和成功的经验应该完全属于孩子。

我们要耐心等待一个容易焦虑不安的孩子的另一个原因是为了给他们机会，让他们拥有自己去适应和取得成功的经验。这些经验会成为孩子很好的资源。等待孩子不是为了做优雅的爸爸妈妈，更不是放任孩子，放弃孩子。试想一下，如果我们逼迫孩子去做一件事情，强迫孩子接受新的刺激，最终会有什么样的结果呢？也许孩子也能做得很好。但是如果孩子自己还没有下定决心，那么他们所做的一切都不属于自己。他们这样做，无非是为了应付父母，得到的经验也只是偶然获得的。

小鸟破壳而出虽然是大家都熟知的例子，但这对于小鸟来说不是一件容易的事情，我们也不能插手。小鸟只有自己经历了破壳的过程，才能获得破壳的力量。也只有这样，小鸟才能飞翔，最终生存下来。

作为父母，我们可以通过强迫去引导孩子走向成功。但是这种经验没有太大的意义。我们要给孩子足够的时间，让孩子有机会慢慢积累一个人"做到"的经验。

我们应该怎样等待孩子？

容易焦虑不安的孩子是需要时间的。正如前文所说，等待孩子并不等于放任孩子、放弃孩子，而是帮助孩子自我成长的更加积极的方法。但即使父母明白等待的重要性，也很难在现实生活中很好地等待孩子，共情孩子。

焦急和来自外部的不安，都会让我们无法耐心地等待孩子，所以我们需要在等待孩子的时候做些什么。也就是说，父母需要一些"等待的方法"，帮助孩子主动、积极地成长。那么我们究竟应该做些什么呢？

1. 观察只有父母才能发现的孩子的成长

　　为了等待孩子更好地自我成长，父母不应该过多地关注外界，而应该把关注点放在孩子的身上。在养育孩子的过程中，父母都会不自觉地将自己的孩子和同龄的孩子进行比较，会认为，"那个孩子就做得很好，为什么我的孩子会这样？""听说其他孩子都能去参加比赛，为什么只有我的孩子这么害羞？"一旦有了这种想法，父母就会变得很急躁，会不停地催促孩子。父母越是这样，孩子就越想逃避。"等待孩子"的意义是关注孩子的成长速度并发现其中的变化。身为父母，我们都希望孩子可以快点好起来，但是我们一定要明白，即使有些孩子的性格特征和我们的孩子完全相反，但是那些孩子的父母也一定都有他们自己的烦恼，都在等待着孩子慢慢变好。例如，如果孩子的好奇心很强，精力非常充沛，他的父母就会想怎样才能让孩子安静一点，怎样才能让孩子遵守规则。孩子的性格特征不同，父母的烦恼也不同，但是父母都需要耐心地等待孩子的变化。

　　当孩子有了一些变化的时候，只有父母才能捕捉到孩子的进度。虽然和其他孩子相比，自己的孩子仍然存在不足，但是最重要的衡量标准是和上一年、上一个月相比，孩子取得了多大的进步。我和大家一样，在孩子上幼儿园的时候，每次临近汇报演出时都会变得忧心忡忡。在6岁时的秋季演出中，孩子一上台就僵住了。他一动不动地在原地颤抖了半天，最终还哭出了声，所以还没开始表演就下台了。7岁的时候，他的表现也没有其他孩子好，甚至婆婆都在和我说："你一定很伤心吧，怎么办？"但是其实那一天，我真的很开心。孩子在台上努力忍着眼泪，虽然他的表现不是很完美，但是他至少没有放弃，一直坚持到了最后。也许其他人没有注意到，但是作为妈妈，我看到了孩子的成长。

想到"孩子一直在成长"，我真的很感动。如果那一天，我一直拿自己的孩子和其他孩子比较，就不会察觉孩子的成长了。

2. 从适合孩子的阶段和刺激开始

为了更好地等待孩子，我们一定要摆脱"其他孩子可以做的我的孩子也一定要做"的想法。随着年龄的增长，很多同龄孩子会自然而然地进行一些活动。例如，离开父母，自己去上美术课，或者学习跆拳道、游泳和滑雪等。尤其是那些活泼好动、好奇心又强的孩子，他们几乎不会排斥新的活动，反而会乐在其中。所以，这些孩子的父母通常都会带着他们体验很多不同的活动。但是我们的孩子就不同了。为了让他们尝试一项新的活动，我们需要说服孩子，等待孩子并忍受他们的不安情绪。但是我们又没办法撒手不管，说："好，那就什么都不要做了！"因为我们害怕孩子会被甩在后面。

我们必须明白，我们的孩子没办法轻易开始一项新的活动，这是他们的性格特征。他们不会因为我们的建议就立刻说"好！"，在开始任何一件事情之前，他们都需要通过自己的眼睛去观察，经过一番思考以后才会做出决定。在认清这一点之后，我们可以挑选一些适合自己孩子的活动，给他们一些建议。例如，虽然孩子需要多运动，但并不意味着所有的孩子都要做同样的运动。通常情况下，容易焦虑不安的孩子会非常抗拒足球、冰球、跆拳道这样的运动，因为这些运动会让我们的孩子很有压力。像这样的团队运动、偏激烈的运动更适合活泼好动和好奇心强的孩子。在这种情况下，我们可以和孩子从散步、跑步，或者一些可以一对一进行的运动开始。我自己的孩子也是从跑步和骑自行车开始做运动的，经过一段时间的适应，后来他还学了击剑。与跆拳道相比，击剑可以更好地保护身体，规则也更加严格，所以我的孩子更喜欢这项运动。每个孩子喜欢的运动都是不一样的，我们要考虑孩子的喜好和自身情况，在更大的范围内做出选择。停止盲目和他人比较，寻找更适合孩子的发展路径吧。

3. 和有类似经历的父母分享经验

我在做"容易焦虑不安的孩子和养育他们的父母"线上课程的时候，发现很多父母的烦恼都是差不多的。虽然他们不会轻易和外人诉说自己的苦恼，但是彼此有类似经历的父母见面时，通常都会很坦诚地分享各自的经验。父母不敢轻易诉说自己的苦恼，大多是因为他们认为"好像只有我们的孩子这样"，或者担心"孩子这么胆小，不会是因为我的态度不对吧"。一旦开始认为"只有我的孩子有这么多问题"，他们就很难再耐心地等待孩子了。经常和有类似经历的父母见面,分享各自的经验,才能持续地给孩子需要的反馈。

孩子不可能在一夜之间发生变化。在共情和等待的基础上,我们要不断地为孩子积累资源,让他们自己去战胜内心的恐惧和不安。多找机会和其他正在经历或者已经经历过这一过程的父母见面,只有这样,我们才能少一些负罪感和焦虑感,接受孩子最真实的样子。

克服焦虑不安的方法2：

制定战略，帮助孩子成长

最近有一个经常用到的英文单词——build-up。它最初是足球用语,但是现在它的使用范围和含义都变得更广,已经变成了一个流行词汇。简单来说,它指的是为了取得某种结果逐步积累的过程。焦虑不安的情绪是不会突然消失的。我们能做的就是帮助孩子积累足够的资源,让他们借助这些资源的力量,战胜内心的焦虑不安。如果孩子拥有了这种力量,他们容易焦虑不安的性格特征就不再是一个缺点,可以把它转化为强项。因此,作为父母,我们最应该做的就是帮助孩子积累资源,培养他们自我调节的能力。前文谈到的共情和等待是最基本的阶段。除了要做到这两点,我想再讲一讲安抚孩子焦虑情绪的具体方法。大家可以依次或者同时试一试这些方法,如果觉得有困难,也可以想一想孩子最需要的是什么,从他们最迫切需要的东西入手,慢慢地把这些方法都运用起来。

实战1

引导孩子准确地表达自己的焦虑不安

为什么我们很难表达自己的焦虑不安?

当你感到焦虑不安的时候,你能立刻察觉到自己的这种情绪并很好地表达出来吗?我相信,大多数人都给不出肯定的答案。对成年人来说,焦虑和不安也是一种负担。我们不喜欢这种情绪有很多理由。首先,我们认为这种情绪是负面的,所以我们觉得不应该过分地陷在这种感受之中,也不应该过多地表达这种情绪。也就是说,我们是否定这些负面情绪的。这样一来,我们就很少有机会去学习这些情绪了。尤其在我们的父母养育我们的时候,他们不知道"理解情绪和共情"的重要性。

所以我们都是听着"不要再哭了""怎么像个胆小鬼一样，有什么可怕的"这些话长大的。这也造成了身为父母的我们也不太能捕捉到焦虑不安的信号，不明白应该如何表达自己内心的感受。因此，在我们的孩子焦虑不安的时候，我们也不知道应该做出什么样的反应而感到惊慌失措。就算按照学到的育儿方法去安抚孩子，我们也会觉得很尴尬，非常不自然。而我们的尴尬和不适会直接影响我们对孩子的态度。此外，以孩子的发育水平，他们无法通过身体的变化提前感知无形的情绪，然后把它积极地表达出来。即使是语言能力发育比较好的孩子，也很难理解和表达抽象的"情绪"和"需求"，所以孩子才会哭闹不止，耍小脾气，通过这些让父母难堪的行为发泄自己的情绪。他们不知道自己处在什么样的状态，也不知道应该提出什么样的具体要求，只能把混乱的内心毫无保留地一股脑儿发泄出来。

因此，我们应该让孩子明白情绪是什么，需要花时间反复地告诉他们并引导他们好好地表达。尤其是容易焦虑不安的孩子，这种情绪会贯穿他们的一生，所以一定要让孩子正确地认知，学会表达的方法，而不是被这种情绪所吞噬。

让孩子给自己的情绪起一个名字

"孩子知道以后,会不会变得更加焦虑不安呢?"也许你们会有这样的担心。但是情绪在没有形状、模糊不清的时候才会变得更加强烈,更让人感到混乱。情绪并不像我们想的那么简单,因为很多细微的情绪杂糅在一起,我们只能大体地感受,或者只能明白其中一部分而已。

我们要尽量详细地了解和表达自己的情绪,只有这样,才更有可能控制好自己的情绪。

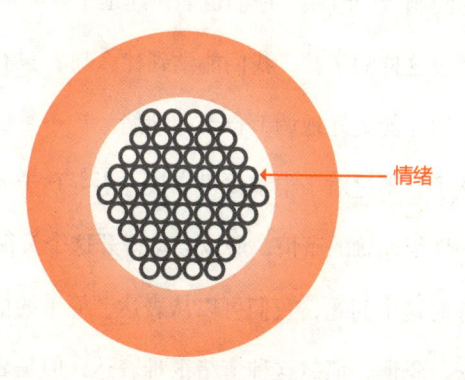

← 情绪

我们不能了解情绪的方方面面,只能认知其中一部分,或者把它当作一个整体。

美国斯坦福大学的心理学家卡塔琳娜·基尔坎斯基曾经做过一项实验，研究有效控制焦虑不安情绪的方法。她将人们分成四组，分析比较了他们在面对捕鸟蛛时的反应。她为第一组人播放电视，引导他们去思考其他事情来分散他们的注意力；她反复地告诉第二组人"这种蜘蛛一点都不可怕"，转变他们对捕鸟蛛的想法；她还给第三组的人找来了更多捕鸟蛛，让他们暴露在更强烈的刺激之中；最后，她引导第四组人尽量具体地表达自己的感受和情绪。

你们觉得哪一组的效果最好呢？在让人害怕的刺激面前，详细地表达出自己情绪的第四组是最快调整好情绪的。在重新面对相同刺激的时候，他们也能快速地平复心情。

通过这样的实验，我们能学到什么呢？只有具体表达了情绪，我们才能更好地调节自己的情绪。这一条也同样适用于我们的孩子。不过对于很多父母来说，引导孩子表达自己的情绪也是一件很尴尬的事情，所以会觉得开这个头很难。

针对这个问题，我们可以从表达"简单的情绪"开始。虽然不安、恐惧、愤怒这种情绪很难表达，但是表达普遍被认为是积极的情绪，如快乐、幸福、激动等会相对容易一些。有很多父母在教育孩子的时候，都会从调节孩子的负面情绪入手。这种做法对孩子和父母都很有挑战性。不仅如此，父母还会对自己的态度产生怀疑，担心自己对孩子的负面情绪过于宽容，内心开始纠结，对孩子的态度就很难再保持一致了。"爸爸妈妈和你在一起真开心""你看起来很期待啊！""你笑得好开心啊，很幸福的样子"诸如此类的对话，是父母可以轻松地和孩子讨论的情绪用语。

熟悉这种表达以后，我们就可以和孩子一起学习更多更丰富的情绪表达了。但是在现实生活中，我们使用的表达情绪的词汇远比我们想象的要少得多。例如，愤怒的情绪可以通过生气、委屈、可恶、失望等词汇来表达，但是我们很少会逐一区分这些情绪。首先，父母应该先熟悉这些表达情绪的词汇。大家可以上网搜索或者使用情绪词典，多留意和不安、恐惧相关的词汇。通过了解不同的情绪词汇（请参考94页），我们可以更丰富地感受孩子的情绪。

最后，我们要多给孩子讲一讲这些情绪，尽量鼓励孩子把自己的情绪表达出来。我们的最终目标是让孩子运用这些词汇来表达自己的不安和恐惧。

可以和孩子一起使用的25个表达不安和恐惧的词汇

焦躁、紧张、不安、尴尬、急躁、忐忑、害羞、犹豫、发抖、担心、担忧、陌生、害怕、恐惧、茫然、可怕、有压力、畏缩、混乱、难堪、心烦意乱、七上八下、焦虑、想回避、被压迫

* 表达焦虑不安的词汇多种多样。父母在表达自己的情绪或者反馈孩子的时候，都可以使用这些词汇来表达！

不过，我们不必要求孩子一定用某些特定的词汇来表达自己的情绪。我们可以让孩子给情绪起名字，如怦怦跳、一激灵，也可以让孩子通过颜色或者形状来表述。在这个过程中，最重要的是父母首先要熟悉不同的情绪，拉近和这些情绪的关系。如果父母自己都没有很好地消化这些情绪，那么即使孩子表现得再好，父母的反应也会非常不自然，或者会让孩子感受到父母的顾虑。孩子好不容易鼓起勇气说出"我觉得做这件事很可怕""我很害怕""我很担心妈妈会发生不好的事情"，我们一定要表现得很镇定，孩子才会认为向父母表达情绪是一件很安全的事情，以后也会继续这样做。这样的行为会促进孩子更好地调节自己的情绪，形成良性的循环。

让孩子更加具体地阐述自己的感受

如果孩子已经可以表达自己的不安和恐惧,接下来我们应该帮助他们更加具体地阐述自己的感受。我们的孩子往往不知道自己为什么会担心,为什么会害怕,更不知道这些情绪里都藏着哪些想法。他们只会笼统地向父母表达自己的感受,所以我们应该帮助他们,让他们说出自己是出于什么样的想法才会感到焦虑不安。例如,当孩子说"爸爸妈妈,我好害怕"的时候,我们可以向孩子提出一些问题:"是什么让你感到害怕呢?""你最担心的事情是什么?"当然,如果孩子还小,很难进行这样的对话,但是只要父母不是简单地和孩子说"原来你很害怕啊",而是更深入地问一问原因,并了解他们的想法,那么他们就会更快地明白自己的想法。

我们要让孩子学会更加具体地阐述自己的感受,因为只有这样,我们才能在众多让孩子焦虑不安的事物中找到共同点。只有了解孩子的想法,我们才能给孩子更好的说明和共情,最终让孩子摆脱这些情绪。如果孩子只能简单地表达"害怕"的情绪，父母是不知道该做出什么样的反应的。但是如果孩子可以说出"我怕爸爸妈妈出事"，我们就能找到突破口，改变孩子的这种错误想法。虽然一开始父母很难自然地和孩子进行这样的对话，但在不停地和父母讨论情绪的过程中，孩子也会慢慢地进步，能更快地了解自己的情绪，更好地表达自己的情绪。

帮助孩子认知和表达焦虑情绪的话

父母可以这样说

1 ▸ 从表达积极的情绪开始

——"某某看起来很开心呢。"

——"某某开心,爸爸妈妈也很幸福。"

2 ▸ 帮助孩子表达自己的情绪

——"某某现在感受到的是'害怕'吗?"

——"某某每次去幼儿园的时候都是什么心情?我们给它起个名字怎么样?"

3 ▸ 让孩子明白自己有某种情绪的原因

——"你想到了什么?为什么会这么害怕?"

——"你是在担心爸爸妈妈会出什么事情吗?"

实战 2

慢慢拓展孩子的新体验

大家都明白应该共情孩子的焦虑不安，耐心等待孩子的变化，但仅凭这一点是远远不够的。孩子在成长的过程中，都无法避免面对新的刺激和环境，所以让孩子学习一些适应新事物的方法也是非常重要的一环。但是究竟要让孩子接触多少新事物，仍然是让父母很苦恼的难题。父母不知道自己应该强迫孩子接触新事物，还是让孩子尽量避开让他们焦虑不安的新事物。从结论来看，虽然共情和等待是必要的，但父母仍然要不停地尝试让孩子接触新事物，积累新经验。

因为我们的目标是让孩子学会控制自己的情绪，让孩子在挑战新事物的过程中，慢慢培养适应的力量。不过，在给孩子提供新的刺激和环境、让孩子积累更多新经验的时候，我们需要遵守以下几个原则。

过多的环境变化会加剧孩子的恐惧

我们应该避免让孩子一次性接触太多的刺激,也要注意避开过多的环境变化。如果我们把承受焦虑和恐惧情绪的内心比作一个口袋,那么容易焦虑不安的孩子心里的那个口袋是非常小的。如果不是慢慢地扩大口袋的容量,而是一下子往里面装太多东西,口袋就会破裂。虽然我们很希望孩子可以早一天勇敢起来,期待孩子尝试更多的东西,但是我们一定要控制好自己的焦急心情。如果父母因为心急,频繁地催促孩子,那么孩子就会以没有做好准备的状态面对新的刺激。越是这样,孩子就会表现得越退缩,就需要更长的时间才能重新鼓起勇气。

如果孩子接触到太多的不安和恐惧,他们可能会因为无法承受,出现很多错误行为或者表现出更加依赖父母的样子。因此,我们一定要根据孩子不同的情况,控制好节奏。在孩子要上新的托儿所、幼儿园,或者要上小学的时候,我们应该在他们基本适应新环境之前,尽量减少其他方面的变化,最大限度地遵循日常生活的规律,维持稳定的状态。为了稳定孩子的情绪,这样的策略是非常必要的。其实对于孩子来说,一次接受一种新的挑战就已经很困难了。如果孩子在适应新学校的同时,还要到新的补习班上课,离开父母,独自和新的老师学习,甚至还要上平时就很害怕的游泳课,那么孩子就必须同时面对很多个新变化。这样一来,孩子整体的适应速度就会变慢,而且很有可能会表现出非常抗拒的样子。我自己在孩子新学期开始的时候,就会努力减少其他方面的变化。有必要的话,我还会让孩子少去1—2周补习班。当孩子已经适应新的环境、摸索出了自己的规律,可以比较自由地行动以后,我再给孩子提供新的挑战。从我的个人经验来看,这样做会让父母和孩子都更轻松一些。

过于频繁的环境变化会干扰孩子的学习

我们应该尽量避免过于频繁地带给孩子新的刺激和环境。

对于容易焦虑不安的孩子来说,最重要的是"适应新事物的成功经验"。他们需要充分体会战胜焦虑不安并适应新事物的感受,需要花时间寻求安全感和舒适感。如果变化过快或者过于频繁,那么孩子的内心就会一直都处于非常不安的状态。这样下去,孩子就会变成更频繁、更长久、更敏感地感受到不安和恐惧的人。当然,父母不可能总是完美地计划和控制这些变化。在养育孩子的过程中,我们难免会遇到搬家的情况,有时候还必须让孩子转学,或者更换到新的学习机构等。我不是说父母不能给孩子带来变化,而是想强调父母应该注意不要让这些变化出现得过于频繁。

曾经有一位咨询我的妈妈,硬生生地给孩子换了一家幼儿园。孩子好不容易才开始适应现在的幼儿园,但是因为一直都很想去的幼儿园突然多出了一个入园名额,所以父母决定给孩子换到那家更好的幼儿园。从那时起,孩子就开始拒绝上幼儿园了。

从孩子的立场来看,所有的抗拒行为都是理所当然的。孩子非常努力,刚开始适应,结果在完全没有准备的情况下,又突然被迫从头开始适应一个全新的环境。孩子全身心地表示抗拒，我是非常理解的。另外还有一位小学生的妈妈找我咨询，她觉得孩子不能很好地适应现在的补习班，学习成绩也没有提高，所以经过别人的推荐，父母给孩子换了好几次补习班，而孩子每次换到新班时，都很难适应。

虽然上面讲的两个案例中孩子的年龄不同，但是孩子做出这种行为的原因是相似的。那就是家长在孩子没有做好准备的时候，频繁地让孩子面对新的变化。容易焦虑不安的孩子在新的环境中很难发挥自己的实力，或者学习效果会非常不理想。不过，一旦这些孩子适应了新的环境，找到了内心的安定感，就会比一般的孩子学得更快。但是如果突然把孩子送到一个新的环境中，他们就会把精力都用在适应新环境上。这样一来，他们就得不到"适应得很好，学习到知识"的成就感，而是急于掌握新的情况和适应新的环境。即使有更好的选择，如果孩子已经适应了当前的环境，开始学习，那么父母在给孩子换新环境之前，也需要更加慎重地考虑。

容易焦虑不安的孩子，只有在心理上适应了以后，才能提高学习效率。这也是他们看起来会比同龄的孩子需要更长时间才能有所成就的原因。也正因如此，如果没有特殊的情况或理由，即使孩子没能在父母期待的时间里取得成绩，父母也应该再耐心地等一等孩子，或者在慎重地考虑清楚后再做决定。

提高可预测性，让孩子积累更多的经验。

父母可以通过更积极的方法，支持孩子积累更多新的经验，那就是提高孩子对新刺激和环境的可预测性。

对于容易焦虑不安的孩子来说，"适应"意味着什么呢？适应就是掌握并熟悉新刺激和新环境中的新情况，以及其中的规律。对于一些孩子来说，适应的过程可能并不重要。就算没有掌握新情况和其中的规律，仅凭强烈的好奇心，他们就可以热情地投入其中，开始做出反应。但是对于容易焦虑不安的孩子来说，"我清楚这种情况""可能会发生这种事情，所以我要做出这样的行为"，这种可预测性是非常重要的。只有有了十足的把握，他们才会开始行动。虽然我们很难让他们完全摆脱不安和恐惧，但是我们完全有能力帮助他们更快地接受新的刺激和环境。

我们应该怎么做才能帮到我们的孩子呢？在孩子必须面对新事物的时候，父母要尽量详细地给孩子讲解具体情况。例如，幼儿园要组织孩子们去农场摘草莓，那么父母就可以提前和孩子聊一聊草莓农场的样子以及摘草莓的方法等。另外，视觉资料通常比语言说明更有效。我们可以搜索一些照片和视频，让孩子提前获得一些间接经验。面对不同的情况时，我们可以灵活地运用这个方法。幼儿园和学校提前发下来的每周计划表也会提供很大的帮助。拿到计划表以后，我们可以提前告诉孩子他们会做哪些活动，会学习哪些新知识。"做这个活动的时候，也许手上会蹭到颜料。如果你不喜欢，可以告诉老师。"父母还可以这样说，提前把应对的方法也讲给孩子听，或者问一问孩子的意见，如，"这周你们会学到两位数的乘法，你想提前看一看，还是到了学校和同学跟着老师一起学？"通过这样一个过程，孩子可以提前预测和了解他们会面临的新情况。有了提前的了解，孩子就会对新的情况有所掌握，因此得到内心的安定。不过，有一部分孩子在听到过于详细的说明后，反而会变得更加焦虑不安。如果你的孩子属于这种类型，就不要讲得太详细，因为这样会过分刺激他们的预期不安。

不过，只是帮助孩子适应固定的环境并不能让父母满意。父母都希望孩子可以多尝试一些新的事情，积极积累新的经验。在给父母上课的时候，很多父母都会问："难道我们要放弃让孩子尝试新事物吗？"其实不是这样的。只是在此之前，我们需要一些策略。我们要慢慢地影响孩子，让孩子积累新的经验。

在孩子五岁的时候，我发现了很多很好的课程，很想让我的孩子也去尝试一下。我很自信地带着孩子去了美术馆，参加有海外作家参与的表演型美术课程。但是对于孩子来说，巨大的美术馆、来自国外的老师、身上会沾上颜料的美术课、和父母分离的上课形式，这一切都是非常强烈的冲击。无论这个课程在父母眼里是多么好玩，如果孩子大哭大闹、强烈抗拒，那么这节课就没有任何意义了。看到和他同龄的孩子上课都很享受、很开心的样子，作为妈妈，我也很难受。但是我很快就调整好了心态。"教育我的孩子，需要特殊的策略。"首先，我把目标改成了让孩子亲近美术馆。我们没有去大型美术馆，而是挑选了一个定期会为孩子做不同展览的小型美术馆。每个季节，我都会带着孩子去那里看展。对孩子来说，空间是熟悉的，只有展览内容在变。因此，随着时间的推移，孩子慢慢熟悉了这家美术馆。后来，我们还一起参加了美术馆的一些课程和活动。虽然孩子会觉得有些陌生，但是因为我可以陪着他，所以还是比较容易就开始了。又过了一段时间，当孩子已经适应了，我就尝试让他一个人去上课了。我会注意挑选一些使用的材料和上课方式都不会特别新奇而且孩子会感兴趣的活动。然后，我们慢慢地开始去其他美术馆，还去了博物馆。接下来的几年，我们逐渐扩大了探索范围，最终，孩子在第一次参观过的济州岛美术馆里，独自一人参加了那里的美术活动，画得双手都沾满了颜料。尽管孩子花了很长时间才实现了我们的目标，但最终他还是成功了。

让孩子尝试其他活动的时候，我们也需要类似的循序渐进的方法。如果孩子觉得某一件事情过于陌生，就很有可能会拒绝。因此，我们需要有策略地慢慢引导孩子，等他们适应得差不多以后，再尝试一个新的。对于父母来说，这个过程是很烦琐和辛苦的，我也不例外。为了让孩子学轮滑，我就陪着他一起去滑。为了让孩子学游泳，我也跟着他一起去游泳。其实，这种情况并不总是令人愉快的。但是当孩子通过这样的过程，最终可以一个人做到并享受做一件事的时候，我们会非常有成就感。孩子的成长会带给我们很多快乐。如果你们也想让孩子尝试一些新的事情，可以慢慢地扩大他们的活动范围，比如选择去一个有孩子感兴趣的元素（恐龙、飞鸟等）的新地方，或者参加一个新的，可以和朋友、父母一起参与的活动。在引导孩子尝试新事物的时候，我们要保证其中至少有一个元素是孩子比较熟悉的。这是一个非常重要的策略。只有这样做，孩子才会慢慢地鼓起勇气，变得敢于尝试新事物。

给孩子安全感，让孩子勇于
尝试新事物的话

父母可以这样说

1 ▸ 提高孩子对新情况的可预测性

——"这里看起来和上次我们一起去过的地方很像。"

——"我们一起查一查，看看那儿是一个什么样的地方吧。"

——"手上可能会蹭到土，这个时候你可以这么做。"

2 ▸ 给孩子足够的时间

——"在你准备好之前，我们一起看看会是什么样子。"

——"你准备好了，就告诉爸爸妈妈吧！"

3 ▸ 在熟悉的事物上增加新的事物

——"我们要去一个新的地方，看你喜欢的东西。"

——"今天要和爸爸妈妈一起做一件你从来都没有做过的事情。"

实战3

重建孩子的大脑工厂

找到让孩子焦虑不安的想法

"为什么会不安呢?""我的孩子为什么会这么害怕呢?""怎样才能让孩子不再焦虑不安?"我们通常会这样更多地关注孩子的感受和情绪。但是任何情绪,包括不安、恐惧,都不是从天而降的。情绪是某种想法产生的结果。也就是说,孩子会感到不安和恐惧,是因为孩子的脑子里出现了某种想法。这种想法让孩子产生了某种情绪,这种情绪还会持续很长时间。因为这种情绪,孩子才会做出某种特定的行为。

```
想法  →  情绪  →  行为
```

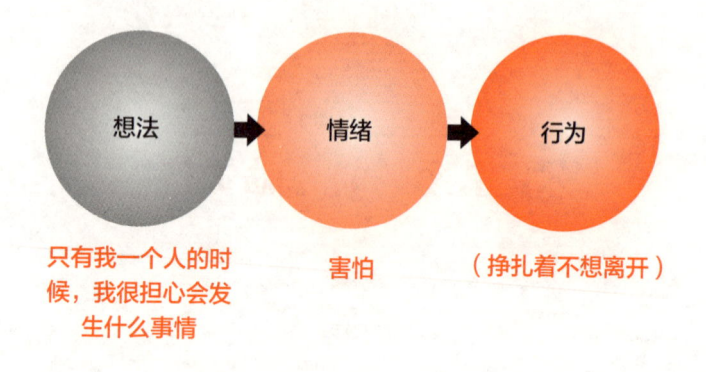

只有我一个人的时候，我很担心会发生什么事情　　害怕　　（挣扎着不想离开）

假设孩子很害怕离开父母，一个人去参加美术活动。这时，孩子的情绪就是对新活动的恐惧。不过这种恐惧不是突然出现的，正如前文所说的那样，是因为孩子有了某种想法。例如，孩子也许在想，"只要离开妈妈，好像就会发生什么事情。""老师看起来很凶。"虽然我们不清楚孩子的具体想法，但是孩子心里的恐惧一定是因为这种想法才产生的。接着，孩子的情绪会演化成大哭大闹、逃跑、发脾气或躺在地上耍性子之类的"行为"。

因此，想安抚孩子，我们不仅要理解孩子的情绪，更要弄清楚他们是因为什么样的想法才会变得焦虑不安。情绪是一种模糊的感觉，很难琢磨，但是想法就不同了。只要经过练习，我们还是能够比较清晰地了解一个人的想法的。

那么，究竟是什么样的想法会让我们的孩子焦虑不安呢？孩子的年龄不同，具体情况也略有差异，但是这些想法大多都是被过度夸大或者被过分歪曲的。

焦虑不安的孩子通常会有的想法

> "我担心的事情一定会发生。"
> "只要做不熟悉的事情，就一定会发生很可怕的状况。"
> "绝对不能做不熟悉的事情。"
> "曾经让我害怕的东西，永远都是可怕的。"

认为自己想到的事情一定会发生——这种非现实性的想法、小题大做式的想法，以及认为发生过的事情一定会反复发生——这种把事情一般化的错误等，都是很有代表性的被孩子"歪曲的想法"。不过，孩子通常都不会有意识地这样想，而是在某种刺激下或暴露在某种环境中时，自然而然地产生了这种想法。也就是说，孩子是完全意识不到自己有这些想法的。孩子只会感受到不安和恐惧，然后用自己的行为来表达这些情绪。因此，孩子并不知道自己在想什么，更没办法找出自己的想法和现实之间的差异。孩子最终都要学会一个人去解决这些问题，但是在开始的阶段，父母需要陪着孩子一起练习。

尝试了解孩子的想法

我们首先要了解让孩子感到焦虑不安的想法。为了了解孩子的想法，我们就要共情孩子，帮助孩子更加具体地表达自己的想法和感受。孩子的情绪发育一般要晚于认知、身体、语言的发育，而且发育速度也比较慢。并不是说孩子学会了说话，也能够很好地控制自己的身体，就表示孩子的情绪发育已经成熟了。

孩子仍然不熟悉认知和表达自己的感情。因此，父母应该先让孩子冷静下来，再通过提出合适的问题，慢慢引导孩子。在这个过程中，父母需要了解孩子情绪的方方面面。

首先，我们要安抚好孩子。在孩子极度焦虑不安、大哭大闹的时候，我们是没办法和孩子对话与沟通的。所以，我们首先要共情孩子。我们可以说:"你有这样的情绪是很正常的。""你是不是很害怕?"安抚孩子是基础工作,只有做到这一点,我们才能教会孩子控制自己的情绪。接下来,我们可以提出一些具体的问题,更全面地了解他们的情绪。我们可以提出开放性的问题,如,"你想到了什么?为什么会这么害怕?"但是如果孩子年龄太小或者发现孩子回答起来比较困难,也可以换一种方法,通过提问推理出孩子的想法。"你是怕妈妈不在的时候,会发生什么事情吗?""你是担心老师会很凶吗?"类似这样的提问都能很好地帮助我们了解孩子的想法。

孩子应该明白自己感到不安的事情不会真的发生。

了解孩子的想法以后,下一步应该怎么做呢?如果孩子是因为错误的想法或者不必要的担心而焦虑不安,那么我们要不停地告诉他们:"你想的事情不会真的发生。"

很多时候,孩子在开始做一件事情之前,就深受不安的困扰了。遇到这种情况的时候，我们要花很多精力去说服孩子，安抚孩子，想方设法让他们去尝试。但是在孩子真正开始做一件事情以后，父母的反馈却非常匮乏。我们只会觉得"哎哟，这次终于让孩子接受了"，或者只会简单地夸奖孩子"做得真棒"。重塑孩子大脑工厂的最好时机并不是在孩子开始做一件事情之前，而是在孩子做了一件他们一直都很担心的事情以后。面对陌生的刺激和环境，孩子会自然而然地想到"我担心的事情真的会发生""我害怕的事情一定会发生""我绝对做不了这么可怕的事情"。这时，我们应该不停地把这些想法转化成"我担心的事情不是事实""我害怕的事情不会发生""我一直很担心这件事情，但是我做到了"，并将其连接起来。

重塑大脑工厂

我担心的事情真的会发生
→我担心的事情不是事实

我害怕的事情一定会发生
→我害怕的事情不会发生

我绝对做不了这么可怕的事情
→我一直很担心这件事情，但是我做到了

让我们设想一下孩子需要离开父母,独立参加活动的情况。孩子可能会想:"离开妈妈,一定会发生可怕的事情。""老师看起来真可怕。""如果离开妈妈后,再也见不到她了怎么办?"

了解到孩子的这些想法以后,我们就要安抚好孩子的情绪,让他们去参加活动。接下来,我们绝对不能错过活动结束后再一次见到孩子的时刻。这时,我们可以和孩子说:"刚才你进去之前说,害怕离开妈妈以后会发生可怕的事情。真的是

这样吗?""你担心再也见不到妈妈了,但是我们又见面了,所以你担心的事情不是事实。"说这些话的时候,不要让孩子觉得有压迫感,要尽量使用轻松、简单、温柔的口吻。重要的是反复告诉孩子"出现了让人焦虑不安的想法→亲身经历→担心的事情没有发生"之间的联系,让孩子积累更多这样的经验。

如果孩子经常能听到这些话,这些想法就会在他们的心中生根发芽。总有一天,孩子会主动想道:"我想的事情不一定会真的发生。"

像侦探一样和孩子讨论焦虑不安。

如果父母已经做了充分的工作,让孩子了解了错误的想法和实际结果之间的联系,接下来就可以尝试更积极地纠正孩子的想法了。这时,父母必须注意一点。容易焦虑不安的孩子很容易变得畏缩,所以要避免用教训或指责的口吻,而是要温柔地和孩子对话。我们也可以化身"侦探",让孩子觉得自己是在做游戏。例如,父母可以和孩子一起做心灵的侦探,问问孩子:"这个想法会变成真的吗?"或者提议:"找一找证据,证明它不是真的。"就像前文中提到的"离开父母,独立参加活动的情况",如果孩子担心"老师会严厉地批评我",变得非常害怕并拒绝参加活动,我们就可以建议孩子:"现在你来当一名侦探,看看你现在担心的事情会不会真的发生。"接下来,我们还可以通过下面列举的问题,好好地和孩子聊一聊。

像侦探一样思考和提问

- "你之前也担心过类似的事情吗?那时你的担心也变成现实了吗?"
- "你在什么情况下才不会担心这些事情?和现在的情况有什么不同呢?"
- "你现在担心的事情会变成现实的可能性有多大?"
- "你有什么证据能证明这件事一定会发生呢?"
- "如果你担心的事情真的发生了,该怎样做才能解决问题呢?"

针对上面提到的情况,我们也可以使用这些提问的方法:"上次你也担心老师会很凶,老师真的很凶吗?""你能找到证据证明老师会对你很凶吗?""有哪些老师是你一开始觉得很可怕，但是现在很喜欢的？""如果老师真的很凶，你想怎么办？"通过这样的对话，我们可以让孩子修正错误的想法，相信"也许我想的事情不会真的发生"。

随着孩子经验的积累和年龄的增长，我们也可以向孩子提问曾经发生过的类似情况："上次我们也聊过担心老师很凶的问题。""当时我们是怎么想的？""我们决定怎么做的？"通过这些问题，我们可以让孩子有能力主动获取自己以往的想法和经验。一开始的时候，也许这种侦探式的提问会让父母和孩子都觉得很尴尬和难堪，但是坚持反复地练习，就能更加自然地进行对话，孩子也会慢慢增加挑战的次数。

改变让孩子
焦虑不安的想法

父母可以这样说

1 ▶ 让孩子明白自己的担心并非事实

——"你担心的事情是不是没有真的发生?"

——"原来你担心的事情没有真的发生。"

——"虽然一开始很担心,但什么事情都没有发生。"

2 ▶ 纠正孩子的不安和恐惧

——"你担心的事情真的会发生吗?"

——"有什么事情是你一开始很害怕,但是现在却很喜欢的?"

3 ▶ 让孩子自己独立思考

——"上次因为类似的事情焦虑不安时,你还记得我们是怎么做的吗?"

——"如果你担心的事情真的发生了,你还记得爸爸妈妈说过我们会怎么帮你吗?"

实战4

不断帮助孩子积累成功经验

没有成功经验的孩子
无法成为一个勇于挑战的大人
。

孩子还小的时候，父母可以陪在孩子的身边，帮助他们，说服他们，引导他们战胜自己的不安和恐惧。但是孩子到了小学高年级以后，很多事情父母都是帮不上忙的。在更远的未来，当孩子成年以后，我们就更不可能一直帮助他们了。因此，孩子一定要有能力战胜自己的焦虑不安。为了达到这个目的，父母不要总是想着替孩子解决问题，而是要帮助孩子培养内心的力量。那么我们怎样才能帮助孩子培养内心的力量呢？父母要帮助孩子积累"成功经验"，让孩子觉得"我做到了""虽然我担心的事情很多，但是我做过的事情也不少"。这样的经验积累得越多，孩子就越有可能勇于挑战。即使孩子一开始仍然会焦虑不安，但他们最终可能还是会选择去尝试的。

接下来的问题是，我们怎样才能给孩子这种成功的经验呢？客观来说，容易焦虑不安的孩子积累的成功经验确实很少。他们不愿意尝试新事物，而且需要花更长的时间才能开始挑战，所以相对于勇于尝试的孩子，他们经历的事情自然就少了很多。因此，我们要努力找出孩子的成功经验，反复把这些事情讲给孩子听。

尽可能多地告诉孩子他们哪里做得很棒。

在开始挑战一件事情之前，容易焦虑不安的孩子需要更长的准备时间，也需要付出更多的努力。不过在这段时间里，他们也不是什么都没做。经过漫长的等待，经历过许多错误以后，他们最终都会适应并开始新的挑战。而且一旦适应，他们就会比一般人更长久且踏实地做好一件事。因此，我们一定不能错过孩子最终取得成功的那一刻，及时给出反馈。

身为父母，我们是时刻关注着孩子的旁观者。因此，我们可以看到孩子从担心害怕到第一次尝试，然后慢慢适应，最终能够开心参与的整个过程。但是孩子不能把自己内心的变化和行为的变化联系起来。无论是担心害怕，还是开心快乐；他们都只关注当下的情况和情绪。因此，作为父母的我们，应该读懂孩子的想法，洞察他们的想法发生了哪些变化，把这些信息都整理好，传递给孩子。

孩子看到的成功经验

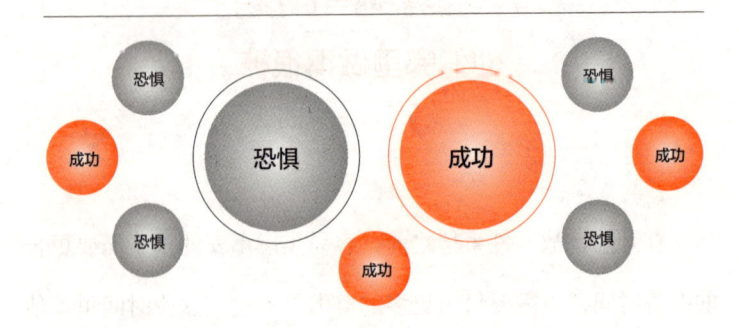

父母眼里，孩子的成功经验

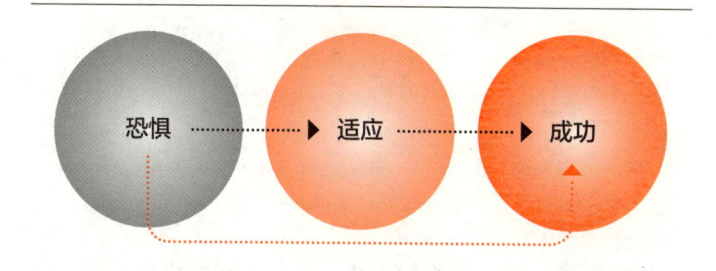

恐惧 ┈┈▶ 适应 ┈┈▶ 成功

从某一个瞬间起，孩子就不再担心害怕，而是慢慢适应，也会从某一个时间点开始，变得完全适应并非常享受。这些变化的瞬间都是我们不能错过的。这时，我们可以对孩子说："你一开始还很害怕，现在已经适应得很好了！"例如，孩子也许一开始不适应幼儿园或学校，但是后来孩子慢慢适应了。这时，我们可以对孩子说："宝贝，一开始上幼儿园/上学的时候，你每天早上都说害怕，每天都会哭。但是现在，你在幼儿园/学校里都过得很开心！"或者当孩子爱上了曾经很害怕的活动时，我们可以说："一开始你还说很害怕，但是现在你最享受这段时光了，是不是？"听到爸爸妈妈这样说，孩子就不会错过每一次成功的经验，还会把它们都好好地记在心里。如果孩子容易焦虑不安，我们就需要这样的策略，用成功经验填满孩子的内心，从而减少他们心中满满的不安和恐惧。

让孩子成为成功的主人

我们还可以通过夸奖的方法，让孩子在获得成功的时候，记住自己的成功经验。例如，当孩子战胜恐惧，在游乐园挑战了走吊桥，而且成功时，我们可以用什么样的语言夸奖孩子呢？大多数父母都会说："哇，真棒！""真厉害！太棒了！""真勇敢啊！"当然，这种夸赞的方式没有错。在这种情况下，父母的确需要明确地夸奖孩子，不过我们要让孩子明白是他们取得了成功，强调"做成这件事情的不是别人，而是你自己"！这样一来，当孩子主动挑战并取得成功以后，就会有更深的感受和体会。为了达到这样的效果，我们可以把孩子当成主语来说明。例如，在孩子挑战走吊桥成功以后，我们就可以说："你成功了！""太棒了，你成功了！"这样的夸奖方式，强调的是孩子自己做成了一件事。这样一来，他们就更有可能把这件事情记成是"我的成功"了。仅仅是表达方式的变化，也可以让孩子成为一次成功的"主人"。

多讲一讲孩子性格特征中的优点

成功经验不只是"成功地做成了一件事",同时也会让孩子觉得"我也是个不错的人""我也有成功经验",可以让孩子用更积极的眼光看待自己。因此,多讲一讲孩子性格特征中的优点,也能帮助他们更好地积累成功经验。容易焦虑不安的孩子需要比较长的时间去适应,而且时常会让身边的人感到疲惫不堪,所以通常他们得到的反馈也是比较消极的。父母也是人,也会心急,因此偶尔也会对孩子说:"你怎么做每一件事都这么难?""你害怕的事情怎么这么多?""别人为什么都没问题啊。"即使没有直接对孩子说,父母也会对其他人说"孩子太胆小了,真让人担心""孩子可能需要很长时间才能适应,还请多费心"之类的话。而这种话是有可能传到孩子耳朵里的。任何一个人都不可能完全避免说这种话。在真正养育孩子的过程中,父母也不可能做到只说积极的好听的话。但是,我们一定不要忘记多和孩子讲一讲"他们性格特征中的优点"。我们可以有意地找一些值得夸奖的事情,或者把对孩子的期待转化成对他们的夸奖。此外,我们还可以直接和孩子聊一聊他们的性格特征。例如,我们可以说:"你开始有些害怕,但是一旦开始做了,就会做得很好。""虽然你会担心很多事情,但是你遵守规则,而且很慎重。""你总是能想到很多办法,爸爸妈妈觉得非常棒。"父母这样说,会让孩子觉得"我也有优点""到最后,我是可以把事情做好的",从而让孩子建立积极的自我认知。

**帮助孩子积累
成功经验的话**

父母可以这样说

1 ▸ 帮助孩子积累成功经验

——"你刚开始还很担心,但是现在已经做得很好了。"

——"你之前总是说害怕,但是最近你好像已经开始享受其中了。"

2 ▸ 让孩子成为成功的主人

——"你做到了。"

——"太棒了,是你自己鼓起勇气才做到的。"

3 ▸ 让孩子建立积极的自我认知

——"虽然一开始你觉得很害怕,但是一旦开始做了,你就会做得很好。"

——"虽然你担心的事情比较多,但是你也是非常慎重的孩子啊。"

实战5

多让孩子看到父母
很好地控制情绪的样子

父母是对孩子影响最大的人，在情绪方面也不例外。不过很少有父母会自信地说，自己可以很好地认知和控制自己的情绪。尤其在面对像不安和恐惧这种不愉快的情绪时，人们就会觉得更难处理了。尽管如此，我们现在作为孩子的父母，必须拉近和这些情绪的距离，更多地了解这些情绪。如果孩子很容易焦虑不安，父母就更有必要熟悉不安和恐惧，并学会控制这种情绪。

父母的焦虑不安会直接影响到孩子

作为父母,我们应该先想一想自己对不安和恐惧有什么样的认知。如果父母对某种情绪的态度是消极的,那么孩子在表达这种情绪时就会感到有负担,还会觉得不愉快。这样一来,父母就很难让孩子学会控制这种情绪。知名心理学家约翰·戈特曼提出过"元情绪"的概念,即个人对某种情绪的想法和感受。研究结果表明,面对某种情绪的时候,父母的想法和感受越积极,孩子就越容易接纳和共情。这不仅对孩子的情绪控制有帮助,也会对处理和同龄人的人际关系、身体健康、学业成就及自尊感产生非常积极的影响。例如,如果父母觉得焦虑不安是有害的,是一种难以处理的情绪,那么当孩子表现出焦虑不安时,父母就会表现得更加烦躁和抗拒。这样一来,父母就很难共情孩子、等待孩子,很难帮助孩子克服这种情绪,让他们勇于接受挑战。甚至看到孩子忧心忡忡的样子,父母还有可能会不自觉地嘲笑孩子,或者因为心急,不停地催促孩子。这样孩子就很难了解这种情绪,从而没有机会去学习控制这种情绪的方法。更严重的话，孩子也许会因为无法克服这种情绪，变得难以和同龄人相处，未来也很难在不同的领域取得成就。因此，为了更好地运用前面学到的方法，我们首先要做的就是反思自己，看看自己对焦虑不安持什么样的态度。

那么，我们可以通过什么样的方式来反思自己呢？最简单的方法就是把"不安""恐惧"这样的词语写下来，看看自己最先联想到了什么样的心情、感受、经验、词汇和图像。

接下来，再客观地看一看自己记录下来的内容。扪心自问，在孩子表现出不安和恐惧的时候，自己的感受和这些内容有哪些异同。即使在没有专家指导的情况下，我们也完全可以独立完成这种简单的测试。我也推荐大家在做这个测试的时候，先给自己限定好时间，然后诚实地记录下来。如果你觉得像写日记一样的记录方式比较困难，也可以简单地罗列关键词，整理自己一天的感受。

这时，请大家尽量用丰富的词汇来具体地表达自己的情绪，不仅要写下积极的情绪，也要如实地记录消极的情绪。这样坚持1—2周，你对情绪的反应会变得更加敏感，了解自己经常会有哪些情绪，找到这些情绪的共同点，同时在使用比较

父母对不安和恐惧的看法

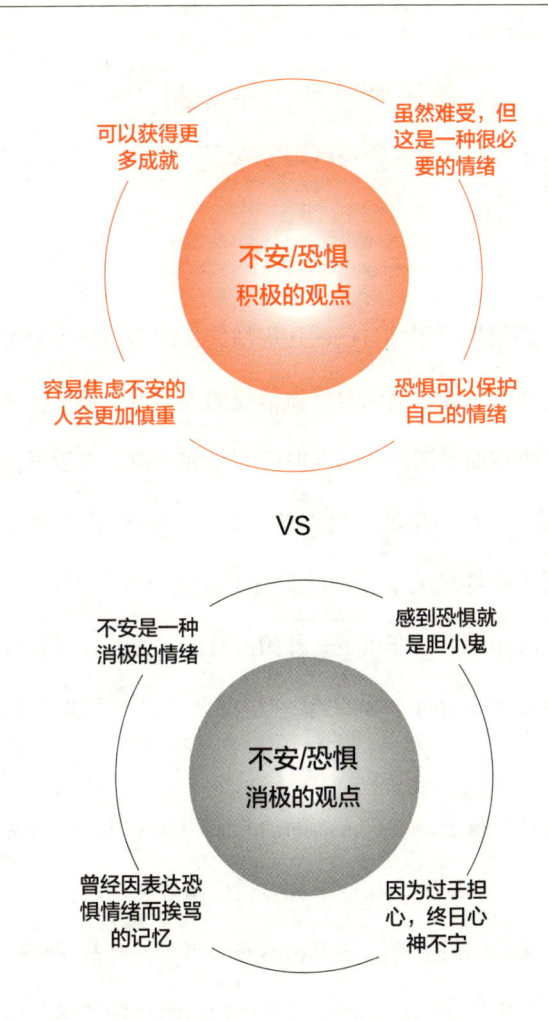

不安/恐惧 积极的观点
- 可以获得更多成就
- 虽然难受，但这是一种很必要的情绪
- 容易焦虑不安的人会更加慎重
- 恐惧可以保护自己的情绪

vs

不安/恐惧 消极的观点
- 不安是一种消极的情绪
- 感到恐惧就是胆小鬼
- 曾经因表达恐惧情绪而挨骂的记忆
- 因为过于担心，终日心神不宁

消极的词汇时,也会变得更加舒服。

孩子感到焦虑不安时,会向父母学习。

父母必须先控制好自己的焦虑情绪,因为当孩子面对难以承受的情绪时,他们会向自己最信任的人学习。孩子会仔细观察爸爸妈妈在面对同样的情况时的感受和反应,然后根据父母的行为调整自己的想法。也许孩子会想:"虽然我很害怕,但是爸爸妈妈都说没关系,所以要不要再试一试?"不过情况也有可能恰恰相反,也许孩子一开始没有那么害怕,但是看到爸爸妈妈很紧张的样子,就会想:"情况会不会比我想得更危险呢?"

尤其是在孩子即将进入新的幼儿园和学校时,我通常都会强调一点。也就是说,在孩子努力适应新环境的阶段,父母一定不能表现得比孩子更加紧张和不安。当然,有些父母确实会非常焦虑和紧张。但是,我们要尽量隐藏起这些情绪,用坚定的眼神，平静地和孩子对话，否则孩子就会陷入一种不确定的状态里，很长时间都没办法适应。如果父母比孩子更加焦虑不安，就没办法让孩子相信"目前的情况是很安全的"。虽然嘴上说"没关系，你一定能做好"，但是父母不安的眼神和氛围都会在不经意间影响到孩子。这样一来，孩子就会想："爸爸妈妈那么紧张，现在这个情况一定非常危险。"这种想法会加剧孩子的焦虑不安，导致孩子非常抗拒上幼儿园和学校，适应新环境的时间也会变得更长。不过这并不意味着父母不能表达自己的情绪，或者要隐藏起所有的消极情绪。我想强调的是，在需要让孩子安心、需要说服孩子的情况下，父母不能表现得比孩子更加焦虑不安。如果有必要，我们可以暂时到洗手间或者卧室平复一下心情。等控制好情绪，做好充分的心理准备以后，再和孩子沟通对话。此外，在新学期这种变化比较多的时期，我们也可以利用白天的时间多运动，多做一些可以减少情绪疲劳的活动。

让孩子看到父母可以很好地表达焦虑不安。

最后，父母要让孩子看到自己是怎样积极地面对焦虑不安的。这样，孩子就可以自然而然地通过观察父母的行为来学习并调整自己的做法。我们总是希望孩子可以成功地做成一件事情，其实我们可以先这样要求自己，让孩子看到父母先做到的样子。在此之前，我们学习了几种方法，包括用具体的词语表达我们的情绪，找到让我们产生某种情绪的想法，纠正错误的想法等。我们可以先从自己开始练习这些方法，然后再用在孩子的身上。例如，假设我们第一次送孩子去郊游，结果因为自己太担心孩子，什么事情都做不下去。这时，我们需要先了解自己的情绪，问问自己："我是因为什么才这么难过呢？""是什么情绪让我什么都做不下去呢？"我们会有这样的表现，可能是出于害怕，也可能是因为不安。根据父母个人的经验和情况，还有可能是愤怒、抱歉等不同的感情。

认知到自己的情绪以后，我们可以再去了解是因为什么想法产生了这样的情绪。"万一孩子出事了怎么办？"是因为这样一个毫无根据的想法而产生的预期不安，还是因为想到"万一老师疏忽，孩子走丢了怎么办"而感到害怕，我们要像一个侦探一样，反复地甄别这种想法是否合理，是否被过分歪曲。

如果孩子已经能够和父母沟通具体的情况，那么我们最好和孩子说一说自己的不安和恐惧，又是怎样克服这些情绪的。如果孩子明白父母也在用相似的方法解决焦虑不安的情绪，那么他们就会觉得自己得到了共情，也会明白自己学会控制情绪的必要性。

怎样才能让孩子安定下来？

父母可以这样说

1 ▸ 探索自己对焦虑不安的看法

——向自己提问："面对不安和恐惧，我有什么样的看法？"

——"我今天的心情怎么样？"记录自己的感受。

2 ▸ 向孩子传递有力量的信息

——"这种情况并不危险，你现在很安全。"和孩子说话时，眼神要坚定。

——"爸爸妈妈先解决一下自己的情绪问题，过一会儿再和你说。你先等一等我们。"先解决好父母的情绪问题，再和孩子对话。

3 ▸ 父母必须先控制好自己的焦虑不安

——"因为什么想法让我感到不安？"了解让自己焦虑不安的想法。

——"这种想法合理吗？""有这种想法的时候，我应该如何应对？"纠正自己的错误想法。

实战6

父母的这些行为会加剧孩子的不安

到目前为止,我们已经了解了应该如何养育一个容易焦虑不安的孩子。在共情和等待的基础上,我们还学到了很多具体的方法,比如让孩子表达自己的情绪,纠正他们错误的想法,帮助他们积累成功的经验。同时,我们也学了一些适用于父母的表达方法。接下来,我们要谈一谈哪些行为和语言不仅对孩子克服焦虑不安情绪毫无帮助,还会阻碍他们的成长。

不要过分包容孩子的情绪

"老师,每当孩子担心害怕的时候,我都会努力地共情孩子,等待孩子平复,但是孩子一点都没好转,情况反而更严重了。"

偶尔会有一些父母对我说,他们有这样的烦恼。在了解到更详细的情况之后,我发现他们大多数都犯了一些错误,比如过分地包容孩子的情绪,只做到了共情却没有教会孩子应对的方法,错误地预测了孩子的感情,没有做到正确的共情等。

包容孩子的焦虑不安是非常重要的。如果不重视孩子的情绪,不把他们的不安和恐惧当回事,或者指责孩子,孩子就会隐藏起自己的情绪,接下来也没有办法去学习和练习控制情绪的方法。但是如果父母只是过分地包容孩子的情绪,孩子就会困在不安和恐惧的情绪旋涡中。

我们在包容孩子的情绪以后,还要继续帮助孩子。就算当下我们只做到了共情,也要在心里确定好目标。我们要引导孩子,让他们慢慢开始尝试,逐步改变和纠正孩子错误的想法。

为了实现这个目标,父母有必要提前计划好自己的语言和行为。不包容孩子的情绪,一味地催促孩子固然有问题,但是只担心"孩子这么害怕,怎么办",却不给孩子任何方向性的建议,同样也是非常错误的做法。因此,如果你们觉得自己只做到了包容孩子的情绪,那么就应该更加注意了解并纠正孩子的想法,帮助孩子积累成功经验,让孩子接触更多的新事物。

此外,父母不应该被孩子的情绪过分影响,不要做出过激的反应或者错误的共情。例如,孩子可能因为无法适应或者出于害怕的心理,对父母说"我害怕幼儿园,我不想去"。这时,我们有必要认真观察孩子的表现。如果我们担心"孩子不会有什么事情吧",表现得比孩子更加不安,把孩子感受到的情绪当作是事实,做出夸张的反应,孩子就会变得更加焦虑不安。还有一点,在共情孩子的时候,父母经常会错误地理解"接受孩子感受到的情绪",会附和着孩子说"是啊,你真的很害怕吧",而不是"你可以感到害怕"。

虽然这两句话听起来差不多,但是表达的含义却有很大的差别。"你可以感到害怕"指的是"虽然这并不是让人害怕的情况,但是你感受到的情绪也没有错"。但是"是啊,你真的很害怕吧"的反应则更贴近于"现在这种情况确实很可怕"。错误的共情反而会加剧孩子的不安和恐惧。所以,大家要重新审视包容孩子情绪的目的是什么,以及自己的行为和语言是否合适。

不要放任孩子,不能让孩子总是选择回避。

养育一个容易焦虑不安的孩子,就像每天都在和一个看不见的影子拔河。看到孩子因为焦虑不安而痛苦的样子,我们会想:"我是不是逼孩子逼得太紧了?""我一定要这么做吗?"也会觉得每次说服孩子、安抚孩子太辛苦了,所以想尽量避免让孩子做新的事情。

那么,面对孩子的回避,我们的底线应该在哪里呢?

为了把握好这个度,父母首先要考虑"不重要"的是什么。孩子不需要经历所有的事情,也不需要事事都成功。我听到很多父母说孩子很怕攀岩,害怕参加有挑战性的活动,但是不知道该怎么帮助孩子。虽然每个人的想法都不一样，不过我们要考虑清楚是否一定要让孩子参加这种有挑战性的活动，这件事是否真的那么重要。如果不是当下必须解决的问题，我们不需要强迫孩子，冒险让孩子经历这些新的事情。如果因为父母的贪心，逼迫孩子参加所有的活动，让孩子过多地暴露在新的刺激中，反而可能会让孩子更频繁地陷入焦虑不安，导致孩子做出更强烈的抗拒行为。但是父母也不能因此就无条件地接受孩子，放任孩子回避所有让自己感到不安和恐惧的事情。作为父母，我们有义务教育和帮助孩子。如果每次孩子说害怕，父母就打破所有的规矩，不送孩子去幼儿园，允许孩子不参加演出，或者突然让孩子放弃做一件事情，那么孩子就会认为"回避是最容易的"。如果频繁地出现这种情况，随着年龄的增长，孩子也许会变得更加焦虑不安，或者更经常地选择回避。

通常情况下，经常放任孩子回避行为的父母自身的不安程度也会比较高。他们自己往往就焦虑不安，或者看到孩子不安的样子会觉得非常痛苦，所以大多会选择睁一只眼闭一只眼。我们对孩子的回避行为有多大的包容度，我们的行为是否会导致孩子选择回避，这些都是需要认真反思的问题。

不要替孩子解决问题

我曾经带孩子一起去度假村，在那里看到一个和我的孩子差不多的小孩。现在有很多家庭都选择去度假村玩，所以那里通常会有很多为孩子准备的体验活动。孩子做完简单的游戏以后，还能获得气球或者胸章等小纪念品。我们遇到的那个孩子也非常想要纪念品，但是他又很害怕在陌生的地方参加活动。他的父母在一旁劝他，说"你也去试一试吧""其实很简单的"，但是孩子却一动不动地站在原地。不难看出，其实孩子没有想离开那里，他撅着屁股，拉着妈妈的胳膊，看起来就是一副犹豫不决的样子。就在那个瞬间，孩子的妈妈找到工作人员，随后代替孩子参加了游戏，最后把得到的纪念品交给了孩子。得到了想要的东西，孩子看起来非常开心。

作为父母，我们都想满足孩子，给他们想要的东西。有些父母看到孩子明明焦虑不安却又不想放弃的样子，就会非常心疼。他们认为劝说孩子、帮助孩子的过程过于辛苦，或者因为自身的性格比较急躁，所以选择代替孩子去解决问题。

无论是出于什么原因，我们都有必要认真思考：如果父母经常替孩子解决问题，最终会给孩子带来什么样的影响？

孩子没有做出任何努力，而且内心也没有发生任何变化，但是他们最终还是得到了他们想要的东西，问题也都被解决掉了。孩子没有通过这样一件事情学会为了获得某样东西，他们就要鼓起勇气，勇敢地接受挑战。相反，他们会明白一件事——闹一闹脾气来回避挑战，反而可以更快地获得好的结果。

父母积极地帮助孩子回避挑战,甚至代替孩子解决问题,会让孩子相信只要自己强烈地表达不安和焦虑,就能获得好处。如果想帮助孩子,让他们能够更多地挑战新事物,一定要先反思自己,想一想自己是否给了孩子充分的准备时间,是不是自己的速度太快,等不及让孩子再努努力。

失去耐心,冲孩子发火,可能会加剧孩子的不安。

养育一个容易焦虑不安的孩子,父母通常会认为自己应该无条件地忍耐。如果孩子到处惹事,四处闯祸,父母至少还可以痛痛快快地冲孩子发个火,但是我们的孩子就不一样了。他们总是焦虑不安,虽然我们看着他们哼哼唧唧的样子也会烦躁不已,但是总觉得不能因此责备孩子。而且共情孩子,改变孩子想法的过程是漫长且枯燥的。也许今天我们成功地说服了孩子,送他们去了学校,但是到了第二天早上,很可能一切又回到了原点。我们不知道孩子什么时候才会变好,这样长时间地和孩子的焦虑不安共处,很多本不焦虑的父母也会焦虑不安起来,变得非常敏感和烦躁。

父母会有这样的情绪很正常。问题在于父母会一忍再忍,然后在某一瞬间突然爆发。父母突然发脾气,大声斥责孩子,这些无法预测的情况对孩子来说都是非常可怕的刺激。"不知道爸爸妈妈什么时候就会突然爆发"的想法会加剧孩子的恐惧心理,从而让孩子变得更加依赖父母,形成一种恶性循环。

那么,父母在非常生气却又不能发脾气的时候,应该怎么做呢?

第一,父母要变得更加从容。父母总是想尽快解决孩子的焦虑不安,而这种压迫感恰恰就是加剧父母的不安、让父母忍不住发脾气的原因。孩子的焦虑不安在短时间内是不会发生改变的。接受这个事实,反而会让父母变得更加平和。我们要这样想——"努力10年,孩子才会发生明显的变化""我们的目标是让孩子在20岁的时候可以勇敢地做出选择",从而为自己设定一个长远的目标。

第二,当父母难以承受某种情绪的时候,可以果断地暂停一切。我们可以暂时和孩子分开,暂时停止共情和说服孩子,这都是很明智的选择。虽然我们要努力保持一贯性，但是父母也是普通人，不可能永远都保持同样的状态。如果父母心里难以承受，在这种状态下和孩子对话，就会忍不住突然对孩子发脾气，反而会破坏亲子关系。相比之下，我们不如暂时放弃所谓的一贯性，让自己休息一下。因此，我们需要敏锐地观察和掌握自己的愤怒信号。我们可以去了解自己身体发生什么变化的时候会发脾气，我们对孩子的忍耐程度是多少，自己的底线在哪里，在孩子做了什么事情时我们会忍不住发脾气。

第三，从现实的角度定义父母的作用。"我们要共情和理解孩子所有的情绪，做一个好父（母）"是不可能实现的，这样的想法反而会让我们自责和惭愧。因此，相对于完美，我们可以将自己定位为"助力者"。"我没办法消除孩子的焦虑不安""我不能无条件地接受孩子的一切""我是教孩子学会克服不安和恐惧的助力者"，这样的定位是更加现实的。我们要认清自己的局限性，接受"虽然身为父母，但是我们没办法忍受一切"的想法，会让我们的内心更加平和，也会让孩子有所成长。

不要因为父母的不安
而给孩子传递双重信息

我们要努力避免给孩子传递双重信息,从而加剧他们的不安和恐惧。

双重信息指的是同时传递两种完全相反的信息。如果父母给孩子传递了双重信息,孩子就没办法做出任何选择。他们会困在模糊不清和焦虑不安的情形里动弹不得,不知所措。

我曾经在幼儿园亲眼看到过父母向孩子传递这样的双重信息。对于容易焦虑不安的孩子来说,要在很多人的注视下登上大舞台,心理压力一定是非常大的。孩子躲在舞台后面哭闹,父母则为了安抚孩子累得满头大汗。孩子的父母努力共情孩子,还对孩子说:"如果太害怕,我们可以不做。你可以觉得害怕,这没什么!"听到这里,我还在赞叹,心想:"哇,真是厉害的父母啊!"但是很快,他们又接着说,"爷爷奶奶很想看你的演出呢,我们要不要再努努力?""如果你觉得太害怕了,我们可以放弃。不过爸爸妈妈还是希望你可以尝试一下。"听到这里，我就立刻感受到了孩子的为难。父母这样一番话，会让孩子产生什么样的想法呢？孩子没有得到完美的共情，也没有得到明确的方向性。在这种模糊不清的情况下，孩子一定感受到了更强烈的不安。双重信息会让孩子失去判断的标准，同时也会失去安全感。在这种情况下，孩子既不能学会干脆利落地放弃，也学不会勇敢地面对挑战。

那么，我们为什么会给孩子传递双重信息呢？通常在父母也无法做出决定或者感到不安时，孩子接收到的就是双重信息。如果父母无法决定是"今天我要充分地共情和支持孩子"还是"今天我要让孩子克服不安并登上舞台"，孩子就会感受到父母内心的混乱。父母能理解孩子的心情和他们面对的情况，但是同时又希望孩子能够成功。这时，无论选择哪一边，父母都要尽快做出决定。孩子可以登台演出，也可以放弃。无论选择哪个，都没有绝对的对与错。如果孩子是第一次经历这件事，我们可以建议："下一次我们一定要做到！"如果孩子已经遇到过几次类似的情况，就可以说服孩子："今天我们努力，只要能走到舞台上就好。"重要的是父母不能犹豫不决，摇摆不定。如果面对当前的情况，父母也难以抉择，感到十分混乱,那么也可以选择直接和孩子说:"可以给爸爸妈妈一点时间考虑一下吗?"此外,在这种情况下,父母也要注意统一意见。妈妈说:"今天一定要做到!"但是爸爸却在旁边说:"没关系,你可以觉得害怕,实在害怕就不用做了。"听到不同的人说不同的话,孩子就会非常困惑。尤其是社会敏感度较高的孩子,更会感到为难。

爸爸妈妈不可能每一件事都做到意见统一,有不同的态度是正常的。但是在需要和孩子说一件已经决定了的事情时,父母应该提前商量好,确定好方向,给孩子传递相同的信息。只有父母态度坚定,给孩子传递相同的信息,孩子才会更容易敞开心扉,勇于接受挑战。

面对容易焦虑不安的孩子

父母应该怎么做?

1 ▸ 过度或错误的共情

（×）"这么可怕啊,怎么办?""没错,这的确很可怕。"

（○）"你觉得害怕是正常的。""我们要不要一起做到这一步?"

2 ▸ 放任孩子的回避

（×）"如果不想做,你可以不做。"

（○）"即使很害怕,但是有些事情你还是要做的。""你过去也做过类似的事情。"

3 ▸ 代替孩子解决问题

（×）"妈妈帮你拿。""要不要爸爸替你做?"

（○）"如果你想要,你就必须做到这一点。"

4 ▸ 突然情绪失控,对孩子发火

（×）"你到底想怎样?（发火）"

（○）"爸爸妈妈不会再接受你闹脾气了。""就算害怕,你也不能这样做。"

5 ▶ 传递双重信息

（×）"如果太害怕了，你也可以不做。但是奶奶很期待，你要不要再试一试？"

（○）"今天我们就努力走到舞台上吧。" "可以给爸爸妈妈一点时间考虑一下吗？"

第三部分

养育一个容易焦虑不安的孩子时,父母经常会提出的13个问题

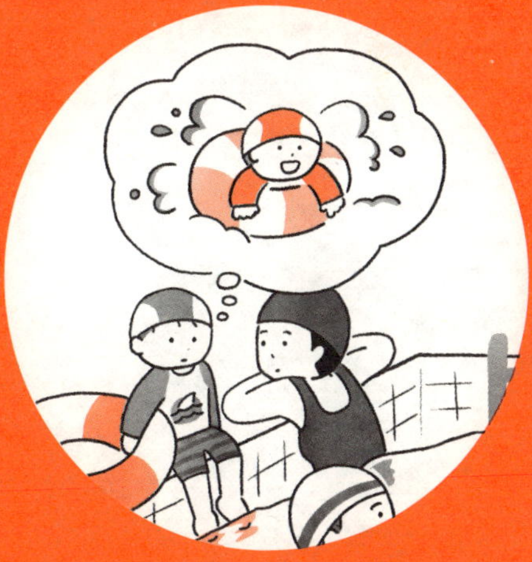

面对孩子的焦虑不安，

父母会有哪些烦恼？

接下来，我想和大家聊一聊在养育一个容易焦虑不安的孩子的过程中，父母会遇到什么样的烦恼。这一章节提到的13个问题，都是在我接待父母咨询的时候经常被父母问到的问题。虽然每个家庭的具体情况不尽相同，但是孩子在4岁到11岁的时候，父母通常都会遇到这些问题。因此，这一部分内容可以给父母提供一些参考。不过我想再次强调的是，消除孩子的不安和恐惧是没有捷径可走的。正如我在第二部分讲到的一样，我们应该以"共情和等待"为中心，引导孩子以新的方式面对不安和恐惧并纠正孩子错误的想法。

虽然孩子需要"变化"，但是我们也绝对不能让孩子同时接受太多的挑战。一定要记住，我们要考虑好优先顺序，从最重要的问题入手，依次解决不同的问题。只有这样，才能实现最优效果。

01

孩子反复地提问，不停地宣泄自己的情绪。他们这样做是不是为了得到更多的关注？

Q：我的孩子总是会担心很多事情。虽然我也会努力共情孩子，向孩子说明他担心的事情不会真的发生，但是效果并不好。孩子总是会提出同样的问题，不停地说自己很害怕。我只是一个普通人，所以面对孩子这样的行为，也会觉得很烦躁。同时，我也分不清孩子是真的担心，还是为了吸引我的注意力。孩子是不是因为我的反应，才会觉得更害怕呢？我应该回应孩子，怎样才能真正地帮到孩子呢？

A：无论我们怎样共情孩子，理解他们的不安和恐惧并反复解释和说明，孩子还是会一遍又一遍地想要得到确认。孩子这样的行为不仅会让父母疲惫不堪，还会让父母不禁怀疑自己："难道是我正在犯错吗？"我们的孩子为什么会不停地问同样的问题呢？我们可以从不同的角度来分析原因。

第一，重复回答孩子的问题，不能真正消除孩子的不安和恐惧。正如前文所说，大多数情况下，孩子感到不安和恐惧是因为孩子天生的某种特性。面对新的刺激和环境时，孩子做出的反应是自然而然的。父母可以帮助孩子，改变他们的想法，从而培养他们控制这种情绪的能力，但是这个过程并不简单。我们需要一块砖一块砖地堆砌，才能建造起一座大楼。孩子的内心也一样，需要一次又一次地积累，才能真正地有所改变。因此，即使通过和父母的对话，孩子理解了当前的情况，找回了内心的安定，但是过了一天，他们仍然有可能再次感到焦虑不安。就算遇到了一模一样的情况，他们也有可能一时想不起应对的方法。因此，我们应该理解，孩子会出现反复确认的情况，在某种程度上是不可避免的。

第二，有时父母的回答不能给孩子足够的信心。虽然父母觉得自己共情了孩子，也认为自己做出了很好的解释和说明，但是孩子很有可能是没办法真正理解的。出现这种情况，通常是因为父母没有真正明白自己为什么要共情孩子，或者共情的方法出了错。相比共情，父母可能更急于解释，或者孩子感受到的不是理解，而是更多地感受到了父母的不耐烦。此外，如果父母自身也属于容易焦虑不安的人，那么在和孩子对话的时候，可能也向孩子传递了自己的不安。当父母说出"真的出了那种事该怎么办""我也很不放心，心里很不安"的时候，孩子是可以通过表情、语气、音调感受到父母的情绪和状态的。在这种情况下，父母认为自己已经做到了让孩子安心，但是孩子反而会因为受到了父母的影响，变得更加不安起来。

第三，向父母反复确认的行为可能是孩子控制情绪的手段，也可能是为了吸引更多的关注。不过即使是这种情况，孩子也绝对不会为此装出一副焦虑不安的样子。孩子感受到焦虑不安，但是又不想自己努力克服的时候，才会出现这种情况。他们会在反复提问的过程中让自己平静下来，或者通过这样的方式获得父母的关心，从父母给出的解释中得到安慰。

不要被孩子影响，
应该再多问一次

。

请再次仔细地想一想自己是怎样共情孩子的。我们要观察自己是否在指责孩子的不安和焦虑，思考自己的共情是否以说服孩子为最终目的。为此，我们可以反思自己在共情孩子时使用的语言和非语言的表达方式。此外，我们也要反省自己是否在孩子发泄情绪并提出问题时，向孩子过多地传递了自己的担忧和不安。无论是因为孩子的心里仍不安，还是只为了得到更多的关注，孩子都有可能会反复地提问。这时，我们绝对不能被孩子的情绪所左右。也就是说，父母不能让孩子掌握了主导权，允许他们把这种表达方式作为手段，回避他自己应该做的事情，或者只按他自己的意愿行动。例如，假设孩子每天都在说"我怕老师对我凶，所以不想去幼儿园""老师真的不可怕吗"之类的话，如果父母因为孩子的这种行为而过分地心疼孩子，允许孩子晚去或者不去幼儿园，那么即使孩子不是有意为之，父母也受到了孩子的影响。

此外，我也建议父母在合适的时候，使用"反问孩子"的方法。例如，在同样的情况下，父母可以引导孩子，让他们回忆爸爸妈妈反复告诉过他们的事情，然后自己说出答案。"妈妈说过，到了幼儿园以后，老师会怎么对你？""如果老师真的很凶，我们说好要怎么做？"类似这样的话，我们可以提问孩子，让孩子自己说出答案。为了回答这些问题，孩子必须回忆父母说过的话，而这种调节的过程本身对孩子来说就是一种机会，可以通过这样的方式培养控制情绪的能力。如果孩子说"我不清楚""不知道"，父母就可以再次对孩子说："爸爸妈妈说过，老师不可能因为这些对你凶。""就算老师对你凶，我们也会这样处理，所以没关系。"

最后，有时候孩子会担心自己没办法控制自己的行为。下周就要考试了，但是没有学习，所以担心会考砸；看了太多视频，担心会发生不好的事。从父母的角度来看，也许很多人都会认为既然这么担心，多努努力就好了。但是对于容易焦虑不安的孩子来说，这些情况都可能会让他们担心不已。

如果你的孩子有这样的情况，我们就应该尽量细化每一个步骤，用视觉可确认的方式写下孩子应该遵守的规则。"要准备下周的考试……"这个情况多少会让人不知所措，但是如果我们说"只要每天做三页练习题，你就能准备好考试了"，给出像这样的具体建议，孩子就会对自己面临的情况有更加清晰的认知。此外，我们可以把"不能连续三天看视频或打游戏"的规则写下来，让孩子通过自己的眼睛来确认。这样做，不仅可以让孩子安心，还有助于孩子控制自己的情绪和行为。我们可以根据孩子的年龄和不安程度，灵活运用这些方法。

> 因为焦虑不安，孩子总是反复提问。这时我们应该怎么做?

1 ▸ 反思自己是否在正确地共情孩子。

——不要为了解决问题而虚假地共情，而是要真正共情孩子，让孩子平静下来。

——记住，共情孩子，不等于被孩子的意愿所左右。

2 ▸ 反问孩子，让孩子自己回答。

——如果是已经反复向孩子解释过的事情，那么就可以提出问题，让孩子自己来回答。

——"妈妈和你说过，遇到这种情况，你可以怎么做？"

3 ▸ 提出具体的建议，让孩子解决当前让自己感到不安的问题。

——给出具体的行动目标，不再让孩子无从下手，这样孩子才会更加安心。

——只要每天做 × 个，周四之前就可以全部完成了。

02

看到发生事故的新闻或者接受安全教育以后，孩子会变得格外不安

Q：我的孩子非常胆小。所以每次发生重大事故的时候，我认为不让孩子知道会更好。因此，我一直避免让孩子看到这样的新闻。但是现在孩子慢慢长大了，很多时候他会自然而然地接触到一些信息，然后变得很焦虑。不仅如此，每当幼儿园安排安全教育课以后，孩子都会格外难受。他总是担心自己会出事故，还会因为害怕不停地提问题。我知道安全教育是非常必要的，但是我们应该怎样帮助这些容易焦虑不安的孩子呢？

A：在接触重大事故的消息或者在幼儿园上安全教育课之后，容易焦虑不安的孩子通常都会感到非常不安。

每次遇到这种情况，父母都会左右为难。在我的孩子还小的时候，我也经历过类似的事情。我甚至想过"如果幼儿园安排了安全教育课，那一天干脆让孩子待在家里"。幼儿园安排这些课也是为了提醒孩子，由此保障孩子的安全，但是为什么孩子在上完课以后反而会变得更加不安呢？对于重大事故，我们应该让孩子了解多少，应该以什么样的方式告诉他们呢？

孩子的年龄不同，理解能力也会有所差异。但是大多数孩子对一则新闻或者一条信息的理解和接受，都达不到父母期待的水平。根据瑞士心理学家让·皮亚杰的认知发展阶段理论，2—7岁的孩子还处于"前运算阶段"，这一阶段的孩子在思考问题的时候还缺乏融通性。例如，当孩子学到"绿灯亮起时，要举起手再过马路"时，他们只能做到照搬所学的东西，所以在没有人行横道或者信号灯的路口，他们会变得不知所措，或者无法接受他们有更多的选择。不仅如此，孩子还会经常混淆梦、想象和现实。例如，孩子只是在梦里被父母教训了一顿，但是他们会信以为真，忍不住大哭起来，或者错误地认为自己想的事情一定会发生。相对于成年的父母，孩子的知识储备和经验都不足。他们几乎没有可以调动的知识和可以参考的经验，因此无法从概率的角度来分析事情发生的可能性。

接受安全教育的时候，孩子接触到的都是非常紧急的情况和信息。孩子会认为这些事情很快就会发生在自己身上，而且类似情况会反复地出现，因此变得不安和害怕起来。孩子因为没有能力控制和调节自己的不安，无法安抚自己的情绪，也无法换一个角度思考问题，所以会一步一步陷入不安。

尽量避免过多的接触，引导孩子用语言表达自己的担忧。

很多父母会问我："我一直没有让孩子接触太多的事故新闻，但是阻断信息真的是正确的做法吗？"新闻会反复地播放突发事故的影像和照片，这样强烈的刺激不仅会让孩子不安，普通成年人也会觉得很有压力。因此，对于年纪还小的孩子，尤其是容易焦虑不安的孩子来说，这是很难消化的刺激。虽然我们没办法让孩子永远都不接触这些新闻，但是如果父母觉得孩子还没有做好准备或者发生了很难用语言解释的事故，也许避免让孩子暴露在这样的刺激中,也是一个很好的办法。

那么,怎样去判断是否可以让孩子去接触这些信息呢?最重要的一条标准就是父母怎样给孩子解释这些事故,父母的说明是否可以让孩子平静下来。如果连父母都无法接受某些信息,那么他们就不可能给孩子一个很好的说明,更没办法安抚孩子了。如果父母一定要向孩子说明某些情况,那么就尽量引导孩子,让孩子可以安心地向大人询问那些让他们感到焦虑不安的事情。父母可以问一问孩子:"你都听说了什么?"有必要通过这样的问题了解孩子对一件事情的认知程度,看看他们通过朋友、媒体等不同的渠道获取了什么样的信息。接下来,父母可以继续问:"知道了这件事情以后,你有什么样的感觉?""你是因为害怕出什么事,所以才这么担心吗?"引导孩子把自己的想法表达出来。如果孩子不把心里的不安说出来,而是一直把它们放在心里,就会产生更多的副作用。在结束这样的对话时,父母最好补上一句:"你可以自己再想一想,如果还有什么疑问,或者还有什么让你担心的事情,可以再告诉爸爸妈妈。"类似这样,保留重新开始对话的可能性,反而会让孩子心里更舒服一些。

此外，我们也要给出比较客观的解释，让孩子对安全教育有更多的了解，让孩子明白我们为什么要做安全教育，这些情况真实发生的概率其实是非常低的，但是通过这样的教育，我们可以获得应对的能力。例如，如果孩子接受消防教育后，一直非常担心家里会着火。这时，父母就可以告诉孩子，为了避免发生火灾，他们已经做了很多的努力，而且爸爸妈妈已经在这座房子里生活了很长时间，家里从来没有着过火。即使真的着火了，家里也有灭火器，父母也提前学习了灭火的方法，所以能够很好地应对突发情况。这样的解释不仅可以安抚孩子，还能让孩子明白自己是有能力避免一些自己所担心的情况的。即使在这些情况出现的时候，我们也有能力好好应对。

> 孩子看到事故新闻、接受安全教育以后会变得焦虑不安,这时我们应该怎么做?

1 ▸ **如果是孩子无法承受、父母也难以解释的情况,应该做到尽量避免**

——也许已经成年的父母也很难承受某些事故带来的刺激。

——反复观看事故新闻,就足以让人感到不安,因此有必要尽量避免这种情况。

2 ▸ **如果孩子对事故有所了解,可以向孩子提出适当的问题,和孩子沟通。**

——"你了解到什么程度了?""你现在是什么感受,是因为这些才会不安吗?"

——"如果你还想了解更多或者还是觉得不安,可以随时告诉爸爸妈妈。"

3 ▸ **客观地说明安全教育,让孩子有更多的了解**

——"安排安全教育课是为了让你们提前了解这些情况,其实这些事情很少发生。"

——"我们接受了安全教育,所以万一真的出了这种事,我们也有能力很快解决!"

03

孩子很难和同龄人相处。
孩子社会性不足，让我非常担心

Q：在游乐场，孩子很害怕和同龄的孩子一起玩，也不太敢挑战那些娱乐设施。看到其他孩子玩得那么开心，而我的孩子却一直围着他们转来转去，我的心里很不是滋味。我的孩子花了很长时间，才第一次玩了滑梯，对任何事情都表现出很不积极的样子，这一切都让我非常烦闷。因为孩子这样的表现，我也想过既然孩子不喜欢，就干脆不要出去了，但是孩子好像又很想去游乐场和小朋友们玩。孩子很难交到新朋友，到了游乐场也总是孤零零一个人，他长大以后会不会有社交不足的问题？

A：看到孩子无法融入新的环境，作为父母，一定是既难过又担心的。而有一些孩子，他们在陌生人中间也能很快地适应。他们的父母是绝对不能体会到我们这种心情的。遇到这样的情况，我们应该先想一想孩子为什么很难交到新朋友。对于孩子来说，新朋友同样是从来没有接触过的陌生的刺激。只不过这一次，带来刺激的不是新的事物和环境，而是一个人。因此，孩子也许会对新朋友充满好奇，但是同时他们也需要足够的时间。只有做好了准备，孩子才会把新朋友当作一个安全的对象。例如，"他们是怎么玩的呢？""他会怎么行动呢？""如果我想和他们一起玩，应该什么时候加入呢？""我要怎么和他们一起玩呢？"孩子需要足够的时间，慢慢了解情况并制定策略。

也许孩子的表现会让父母很烦闷，所以经常会忍不住催促孩子，对孩子说："你可以过去和他们说，我们可不可以一起玩？""你去问问他叫什么名字吧。"但是我们要明白，孩子只有积累了不同的经验，才可以把新的刺激转化为可预测的刺激。在处理和同龄人的关系时，孩子也同样需要这样的过程。通常父母看到孩子有这种行为时，都会说"我家孩子很害羞"。但在这种情况下，孩子感受到的不仅仅是简单的"害羞"，而是在陌生的刺激面前，因为高度紧张和畏缩，出现了很多看起来"腼腆的行为"。

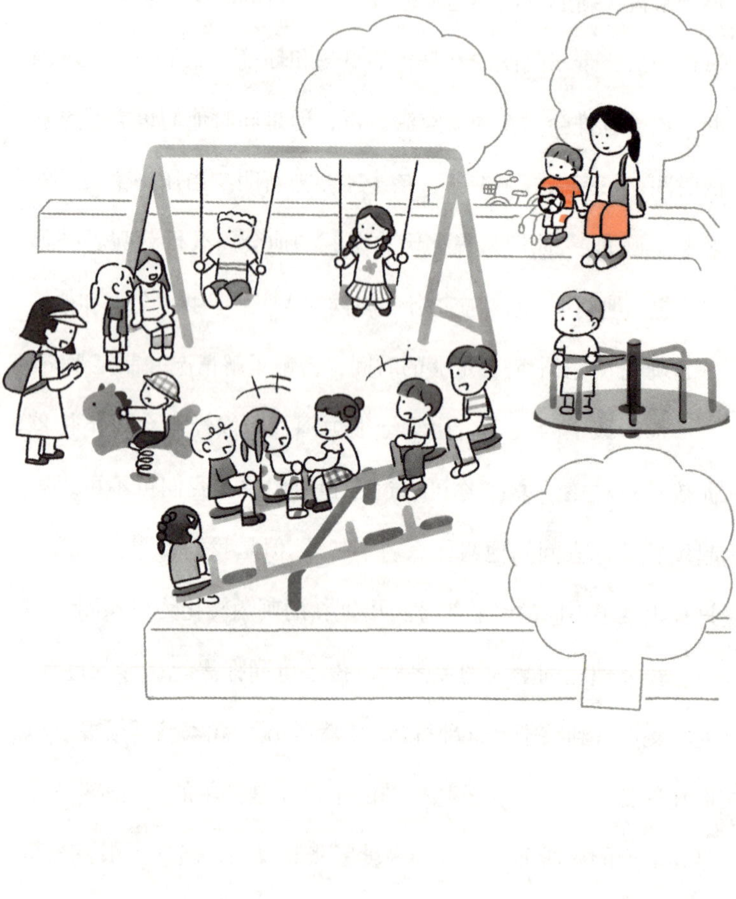

此外，父母通常会对"游乐场"有误解。父母觉得游乐场是孩子玩耍的地方，所以想当然地认为孩子在游乐场是舒服的、快乐的。但是对于孩子来说，游乐场不是一个轻松的地方。不同年龄段的孩子都会聚集在游乐场，人群里有先到的孩子，还有不停地离开和加入的孩子，而且在游乐场，通常那些动作快、力量大的孩子能占据更多玩耍的空间。如果孩子需要充分的时间观察周围的环境，需要花一些时间才能做出一个选择，那么他们在游乐场一定会感受到不小的压力。游乐场对他们来说，就是过于强烈的刺激。

让孩子在一个稳定的小环境里培养社会性。

如果孩子在面对陌生的同龄人时表现出高度的紧张和恐惧，我们应该怎样帮助孩子，提高他们的社会性呢？首先，父母应该正确认知社会性。很多父母都明白社会性很重要，但是很少有人能解释社会性到底是什么。大家通常认为社会性就是

"快速交到新朋友的亲和力",或者"广交朋友的能力"。如果对社会性没有正确的认知,父母看到孩子没办法和各种各样的朋友相处,或者需要花很长时间才能交到新朋友时,就会变得非常担心。

我们不能简单地认为社会性等于有能力快速交到同龄的朋友,或者和朋友们形成一个群体。美国著名的发育心理学家、精神分析学家爱利克·埃里克森[①]曾在心理社会发展理论中提到"主导性",即可以和其他人一起做自己想做的事情的能力。我认为这个概念是更接近于社会性的。如果孩子可以很快交到新朋友,朋友也很多,但只想按照自己的意愿行动,总是独断专行,或者如果孩子看起来和朋友们打成一片,但总是无条件地迎合别人,那么他属于社会性好的孩子吗?

再来回答以上的问题,答案是否定的。社会性高,指的

---

① 埃里克森的心理社会发展理论讨论的是从一个孩子出生到成年,直至死亡的整个人生过程中应该完成的任务。人在每个时期都有不同的任务,只有成功完成了这一阶段的挑战,才能进入下一阶段。从出生到1岁,获得对自己和世界的信任;1—3岁时,感受尝试自己想做的事情的自律性;3—5岁时,则会进入通过调节自己和他人的欲望来解决问题的主导阶段。这里所说的社会性就是在这个阶段可以获得的。

是有能力建立关系并有能力调节和解决在关系中产生的各种问题，是在"我想要"和"别人想要"的矛盾中，有时可以让步，有时可以将两者融合，有必要时还可以说服对方的能力。

从这个角度理解"社会性"，我们就会明白孩子的需求，也会明白父母应该教会孩子什么了。孩子需要了解同龄人，需要主动去建立关系并面对在关系中出现的各种各样的问题。他们需要积累丰富的经验，但是这并不意味着他们一定要结交很多朋友。尤其是那些容易焦虑不安的孩子，在他们的心里，无法预测的情况、太多的朋友或者像游乐场一样情况复杂又让他们备感压力的环境都是障碍物。为了提高孩子的社会性，毫无目的地让孩子见不同的人，只会让孩子变得更加畏缩，孩子就很难体验一段稳定的关系了。因此，我在给父母做咨询的时候，都会劝他们带孩子见几个常见的熟悉的朋友，和他们做一些可以反复的游戏。选择和几个合得来的、让孩子感到舒服的朋友或者孩子喜欢的朋友，在不同的地方见面，让孩子面对不同的情况，这样反而会得到更好的效果。有不同需求的时候，让孩子们争吵，哭闹；带孩子们在家、去朋友家或者到外面玩。只有让孩子体验不同的环境和情况，才能更有效地提高他们的社会性。

如果孩子已经上了小学，那么就有必要让孩子学习并练习主动接近朋友的方法了。不过，父母也可以帮助孩子，让朋友们先主动地接近我们的孩子。我们可以找一些小学生普遍喜欢的活动，例如看新的漫画书、折纸或者画画，这些都是孩子在交朋友之前可以做的活动，同时也能自然而然地吸引同伴的注意。那么当朋友主动和我们的孩子说话的时候，孩子应该如何回应呢？如果提前让孩子学习和练习，他们就可以克服对早期关系的恐惧。成功的经验积累得多了，孩子对建立新的关系就会更加有信心，从而会主动想出更多的办法，结交更多的朋友。不要因为担心孩子社会性不足，过早地催促孩子。父母应该明白，让孩子在相对稳定的环境里，反复和陌生的朋友建立关系，这样才能更有效地帮助孩子，更好地支持孩子。

> 担心孩子的特性会
> 影响他们的社会性，
> 这时我们应该怎么做？

1 ▶ **正确理解社会性**

——社会性不等于多交朋友，或者快速和朋友们亲近起来。

——可以和其他人一起做自己想做的事情，这才是真正的社会性。

2 ▶ **多让孩子在相对安全的关系中练习**

——让孩子经常和他们熟悉的一两个朋友见面。

——不仅在家里见面，也可以到外面一起玩，学会解决矛盾，从简单的关系开始练习。

3 ▶ **可以给孩子提供一些资源，让朋友们主动靠近孩子**

——像折纸、画画一类的活动不仅可以自己做，同时也能吸引朋友们的注意力，父母可以多给孩子提供这一类的资源。

——多给孩子举一些例子，当真的有朋友主动靠近时，让孩子知道应该如何应对。

04

孩子总是任朋友摆布，无法充分表达自己的意愿

Q：我看到过孩子和朋友们在一起时的样子。我觉得同伴给孩子的影响太大了。明明孩子自己也想玩，但他总是在让步。看到孩子总是迎合别人的样子，我很心疼他，也觉得很苦闷。我也对孩子说过，不愿意做的事情是可以拒绝的，但是孩子似乎很难做到这一点。我应该怎样帮助孩子，才能让他更好地处理和同龄人的关系，不要受他人影响、不被人摆布呢？孩子这样的情况会不会持续下去呢？这让我非常担心。

A：看到孩子深受同伴的影响，任人摆布的样子，父母通常都会很心疼，也很难过。无论孩子多大，"同伴关系"一直都是我认为最难处理的问题。因为不同于我自己的同伴关系，孩子的同伴关系不受我的意志控制。所以，在处理孩子的同伴

关系时，父母需要更仔细地观察，介入的时候也需要更加小心。

为什么有一些孩子会选择迎合朋友而不懂得拒绝呢？正如前文所说，容易焦虑不安的孩子在做出一个选择之前，需要更长的时间。所以即使面对同样的环境和情况，容易焦虑不安的孩子的掌控力也是相对较弱的。通常情况下，当孩子还在犹豫不决的时候，动作快的孩子就已经抢占了主导权。父母看到这种情况自然会非常心急。不仅如此，从气质上看，容易焦虑不安的孩子通常也是社会敏感性较高的人群。即使没有刻意关注，这些孩子也能敏感地捕捉到父母、老师、朋友等身边人的情绪变化和需求，而且总会选择迎合他人。社会敏感性高的孩子也具备一些优点，在人际关系中处世更加得当，可以从整体出发考虑问题，能够更好地调整自己的需求，也有能力做一些值得夸奖和认可的事情。但是，如果这种气质和容易焦虑不安的特性结合在一起，就会让人认为孩子"深受同伴影响，任人摆布"。

父母可以成为孩子的第一个练习对象

我们应该怎样帮助这些孩子呢?在给出解决方法之前,我想强调一点,即使有一些情况会让父母觉得不舒服,但我们也不能由此断定孩子在这种情况下就一定是不自在的。相反,孩子可能没有什么特别的感觉。也许适当地迎合朋友,反而会让孩子获得满足感。或者在一些情况下,孩子的确会有些不自在,但是他们自己并没有意识到这一点。因此,父母不能因为自己心急,就直接跑去问孩子:"朋友是不是让你觉得不舒服了?需不需要爸爸妈妈帮你?"

这时,我们应该先确认孩子是否真的感到不舒服。同时,我们要帮助孩子,让他们自己认知到这样的情况。例如,我们可以问一问孩子:"妈妈刚才看到你和别的小朋友一起玩,但你总是在让步。你不想先玩吗?"如果孩子说自己很难过,因为不能第一个玩而感到伤心,我们就可以进入下一个阶段了。但是如果孩子否认或者说"我不清楚",那么我们就应该反复提出类似的问题。只有这样,孩子才会主动去想"我是不是想第一个玩？"慢慢地了解自己的需求。接下来，孩子应该多做练习，学会恰当地拒绝他人，做出自己想要的选择。当然，孩子也需要积累被拒绝的经验。

接下来，我们应该用什么样的方法帮助孩子练习呢？如果孩子容易焦虑不安，我相信大多数父母都曾经让孩子学习并练习"提高社会性的技能"。父母会引导孩子说"不，这是我的"；让孩子明白他可以大声说"我不想做"，拒绝朋友的要求；还会向孩子提议："爸爸妈妈来抢你的东西，你该怎么做？我们来练习一次吧。"在父母面前，孩子也许还能按照练习过的方法，表示拒绝和抗拒，但是真正和朋友相处的时候，孩子是不可能很好地运用这些方法的。为什么会这样呢？因为在实际情况中，他们可能一时想不起这些方法；而且对孩子来说，朋友也不像父母那样，是让他们感到安心的对象。因此，孩子会因为过于紧张，根本无法运用这些方法。不仅如此，这些孩子通常都有很多的担忧，也很害怕失败，害怕自己好不容易才鼓起勇气说了一句拒绝的话，情况反而变得更加糟糕了。还有一点，即使孩子犹豫了很久才决定拒绝朋友，他们也几乎得不到预想的反馈。整体来说，孩子是缺乏换位思考能力和共情能力的，所以即使我们的孩子说了"不，我也想玩"，对方也很可能会吵着"不要！我要先玩"，直接把玩具抢走。这样一来，就会出现孩子好不容易才鼓起勇气，却没有得到想要的结果的情况。经历过一次这样的事情以后，孩子就不想再尝试同样的事情了。

因此，当孩子学习拒绝他人并做出选择时，第一个练习对象应该是自己的父母。因为只有父母才能给孩子可预测的结果，也只有在面对父母的时候，孩子是可以安心按照学到的方法行动的。每次办讲座的时候，我都会听到很多父母因为孩子不懂拒绝，经常被朋友摆布而感到忧虑。这时，我都会向这些父母提出同样的问题："孩子能很好地拒绝你们吗？"首先，我们要确认孩子是否可以很好地拒绝自己的父母，以及接受被父母拒绝。如果孩子在父母面前都不能按照自己的意愿表达拒绝，无法接受被拒绝，那么孩子在和朋友交往的过程中，也很可能无法处理这个问题。

在与孩子的关系中，父母成为孩子的"拒绝对象"，帮助孩子做拒绝练习的方法很简单。我们可以从日常生活入手，选择一些即使被孩子拒绝也无关紧要的问题。例如，吃什么菜、

穿哪双袜子、周末是否要外出等，这些都是很好的例子。我们要选择那些即使被孩子拒绝，对父母也没有太大影响的事情。接下来，父母要给孩子拒绝的权利，同时让孩子明白，在这样的情况下，他们是可以选择拒绝的。例如，我们可以问孩子："今天是周六，我们想去公园逛一逛，你觉得怎么样？你可以自己决定，不想去也没关系。"也许孩子一开始就会果断地拒绝，也可能会犹豫不决，甚至还会问"爸爸妈妈想去吗"，表现出想要顺从父母意愿的样子。这时，我们可以为孩子缩小选择的范围，让他们选择 1 或者 2，重新向孩子提议，或者这次把重点放在向孩子提问上，不再强求孩子了。重要的是，父母要经常自然而然地给孩子提供拒绝和选择的机会。

尤其在练习的时候，我们可以让孩子扮演一个更加积极的角色。例如，我们让孩子决定周末午餐的菜单或者决定外出的场所。我和孩子一起旅行的时候，就会把其中一天定为"宝贝的一天"，允许孩子自己做大部分的决定。需要注意的是，我们的目标是让孩子在与父母相处的时间里，学会拒绝他人，学会做出自己的选择，同时积累被接受的经验，从而让他们可以更加自信地处理和朋友的关系。所以我们要清楚，陪孩子做练习不代表我们要把所有的选择权利都交给孩子，允许和放任他们打破规则，无理取闹。

因此，我们可以适当地拒绝孩子，让他们练习被拒绝，在被拒绝以后，再通过说服对方，最终得到自己想要的东西。容易焦虑不安、社会敏感性较高的孩子害怕遭到拒绝，担心得到不好的评价。因此遭到拒绝以后，他们很容易变得气馁，通常也不会再努力争取，而是选择直接放弃。所以父母可以选择一些合适的情况，让孩子学会被拒绝以后，再努力争取。例如，孩子坚持要穿某一件衣服，如果父母也可以接受，那么就和孩子说:"爸爸妈妈觉得今天不适合穿这件衣服,你可以再说一说为什么一定要穿这件衣服吗?如果你可以说服我们,爸爸妈妈也可以让你穿。"如果孩子在遭到拒绝以后,仍然可以说出一些理由,努力再争取一次,这时就可以答应孩子了。虽然这看上去只是一件非常简单的事情,很微不足道,但孩子是需要这样的经验的。

总体来说,无论孩子自己是否意识到了让人不适的情况,为了提高社会性,孩子都需要学会恰当地拒绝别人,做出自己的选择。但是只凭孩子自己想出适合的办法,或者让孩子直接面对朋友,可能会比较困难。父母和孩子的关系是最可预测也是最稳定的关系。因此父母应该给孩子更多的机会,让孩子可以在父母面前练习选择、拒绝和说服。一次次的小练习、越来越丰富的成功经验都会帮助到孩子,让他们可以到更广阔的世界里和不同的人建立关系。

> 孩子总是任人摆布,
> 无法表达自己的想法。
> 这时我们应该怎么做?

1 ▸ 首先要确认孩子是否感到不适

——不要断定让父母觉得不舒服的情况,同样会让孩子觉得不自在。在做出判断之前,需要和孩子确认。

——"我看到你刚才让步了,你不想先玩吗?"父母可以提出一些问题,让孩子想一想自己的内心感受。

2 ▸ 让孩子和父母一起练习拒绝和选择

——孩子在和朋友相处的时候,很难快速运用学到的方法,结果通常也难以预料,所以孩子需要和父母一起练习拒绝和选择,在和父母的关系中积累成功经验。

——"你可以拒绝的。""这件事,你可以自己选择。""这个和那个,你更想要哪个?"

3 ▸ 孩子在被拒绝以后,还要多和父母练习再次说服对方的方法

——孩子在被拒绝以后,可能很快就会选择放弃。

——"可以再给爸爸妈妈一个理由,告诉我们你为什么要这么做吗?如果你能说服爸爸妈妈,我们就答应你……"

作为一个男孩子，我觉得他太胆小了

Q：我的孩子是一个男孩，从小做事就非常慎重，总是一副小心翼翼的样子。可能是因为这种性格，他也从来不做一般男孩子都喜欢做的运动。别的孩子学游泳、滑轮滑，还去练习跆拳道，但是无论我怎么劝孩子，他都说："我不去，我害怕！"孩子的爸爸总是担心一个男孩子这样下去不行。我虽然不想区别对待男孩和女孩，但是确实没办法忽略这一点。同龄人都在学的运动，唯独我的孩子不想学，而且做什么事情都比较消极，他长大以后不会被别人欺负吧？

A：如果孩子容易焦虑不安，他们的行为通常都会比较消极。而他们的这些行为经常会让父母十分苦恼，担心孩子会落后于同龄人。

如果是个男孩子，父母就会更加焦虑了。虽然现在对男孩和女孩的刻板印象已经淡化了很多，但是如果男孩子的动作小心翼翼，性格谨小慎微，那么他们的父母一定感受过他人异样的目光，还会因此畏缩起来。我给家长们做过很多不同主题的讲座，其中爸爸们参与最多的主题就是"容易焦虑不安的孩子"。每次做讲座的时候，我都能看到很多爸爸担心孩子无法在所谓的"男人的世界"里生存。还有很多妈妈会说，本来孩子就胆小，而爸爸对孩子的态度又非常强硬，所以非常苦恼。我的孩子也很容易焦虑不安，所以在养育孩子的过程中也有过不少烦恼，偶尔也会出现和先生意见不统一的情况。虽然和其他爸爸相比，我的先生已经算是非常理解孩子的爸爸了，但是看到孩子体力不支和不爱体育运动的样子，他还是非常担心。我也是一样的。正如我和很多父母说过的那样，在等待孩子的过程中，我也是非常心急和担心的。但是我想告诉大家，我的孩子现在已经11岁了，他依然对第一次做的事情犹犹豫豫，不过他已经学会击剑、篮球、羽毛球和滑雪等多项运动了。在这个过程中，我再次确认了一点。千万不要跟风，而是要找到适合孩子的活动，根据孩子的节奏，再慢慢扩大孩子的活动范围。

找出适合孩子的运动，而且一开始，要和孩子"一起做"。

"老师，我家孩子不想学跆拳道。小区里的孩子都在学，只有我家孩子不想学。"当一位爸爸对我说这番话的时候，我这样反问他："你为什么想让孩子学跆拳道？"那位爸爸说："因为跆拳道是大多数孩子都会学的运动，而且只有学会这些基础的运动，才能增强体力，以后再学其他运动。"听到他的回答，我再次反问："如果是这个理由，也不一定非要选择学跆拳道吧？不如找一找孩子更容易接受、可以轻松开始的运动吧。"

我不反对让孩子多做运动。学习运动是非常必要的。孩子培养了基本的体力，才能更好地学习，而且对健康的情绪发展也有好处。

如果可以培养一项孩子喜欢又能长久坚持的运动，孩子的生活也会因此变得更加丰富多彩。但是一定要记住，我们的目标绝对不是让孩子学习某一项特定的运动。例如，跆拳道和骑车是非常有代表性的、大多数孩子都会学的两项运动。而当孩子拒绝学习这项运动时，父母通常都会犯这种错误。不过只要冷静下来好好想一想，我们就会明白，孩子要学习的并不是跆拳道或者骑车本身，我们的目标是让孩子通过运动增强体力，同时学会挑战新事物。如果这样想，我们就能用完全不同的态度去劝说孩子了。只要想清楚了这一点，我们就不会再对孩子说："为什么不想学跆拳道，其他孩子都在学啊。""一个男孩子，学会跆拳道可是最基本的事情啊！"而是会换一种方式，对孩子说："我们要让自己变得更健康，你要学会一项运动。至于学什么，我们一起找一找你最喜欢的运动吧。"我的孩子也非常抗拒跆拳道，所以我连跆拳道馆附近都没有去过。游泳也是好不容易才开始学的，但是因为孩子说怕游泳课的老师，所以也搁置了。但是我没有就此放弃，而是一边安抚孩子，一边继续劝孩子勇敢地挑战。最终，我们找到了一项孩子可以安心参与的运动——击剑。

孩子之所以可以接受击剑，是因为他一直和比较熟悉的哥哥姐姐一起上课，而且相对于跆拳道，班里很多学生都比较文静。此外，上课的时候孩子们都会戴上护具，所以孩子觉得这项运动是比较安全的。不过这并不意味着性格特质和我的孩子相似的孩子就一定会更喜欢。也许每个孩子都有不同的喜好，可以接受的运动也不同。重要的是，不应该由父母决定孩子学什么运动，而要让孩子学习适合他们的运动。

另一个方法就是让孩子转变想法，从"运动是我应该做的事"转变为"可以和父母一起做运动"。对于孩子来说，父母是他们感到舒服的搭档。如果父母可以和孩子一起开始一项运动，那么孩子抗拒的概率就会减小。即使运动过程中遇到了不如意或者发生了没有预料到的事情，孩子也更有可能选择坚持下去。因为和父母一起运动，孩子可以把陌生的运动和快乐的感受联系在一起。这样一来，运动就会变成他们快乐的记忆了。我也和孩子一起做了很多运动，包括轮滑、篮球、足球和羽毛球。

在前文中已经讲到，即使是像运动这样的新鲜刺激，如果有孩子比较熟悉的父母以固定值同时出现，陪伴在孩子的身旁，那么孩子也能鼓起勇气接受挑战，从而慢慢积累更多的经验。虽然这个办法会消耗父母不少体力，但是在面对新的刺激时，孩子内心的负担一定会大大减少。

也许很多父母都会想"我的孩子真敏感，需要经历更复杂的过程"。但是也请不要忘记，虽然孩子很难开始一件事情，但是一旦开始，他们会比任何人做得都好。

**孩子太消极，
也不想做运动。
这时我们应该怎么做？**

1 ▶ 寻找适合孩子的运动
——我们的目标不是让孩子做别人都做的运动，更重要的是寻找一项适合孩子的运动。
——如果孩子十分抗拒，可以从一起散步开始。多和孩子走一走，使用公园里的运动设备。

2 ▶ 做运动不是孩子应该做的事情，而是"和父母一起做，和父母共度时间"
——独自一个人和陌生的老师，在陌生的环境里学习一项新的运动，孩子会感到恐惧是非常正常的。
——从可以和父母一起做的运动，从"共度时间"开始尝试吧。

06

我需要给孩子换幼儿园（学校），孩子能适应吗？

Q：从第一天上幼儿园开始，每到一个新的环境，孩子都需要很长的时间才能适应。不过随着年龄的增长，这种情况也慢慢有所改善。孩子在现在的幼儿园适应得很好，已经上了两年。但是这次我们不得不搬家，所以只能给孩子换一家新的幼儿园了。想到一切都要从头开始，连我自己都不安起来，甚至很害怕面对这种情况。如果不得不换到一个新的环境，我应该怎样帮助孩子呢？我很担心突然给孩子换一个新的幼儿园会给他带来不好的影响。

A：如果孩子容易焦虑不安，尽量减少变化是有好处的。至少在婴幼儿时期，父母需要尽量做到这一点。相对稳定的环境会减少孩子的不安。孩子可以在比较舒服的情绪状态下培养学习能力，为今后积累经验、储备能量。但是有些时候，变化是不可避免的，比如因为搬家、升学或者因为之前的学习机构倒闭，孩子不得不换一所学校。也许有些孩子只需要一两个月的时间就能完全适应，但是如果孩子容易焦虑不安，那么每当出现这些变化时，父母都会非常苦恼和担心。在孩子适应新环境之前，父母要经历孩子无休止的哭闹，还要狠下心来一次次把孩子送到新的学校。因此，甚至有一些父母会问我："环境的变化对孩子没什么好处吧？就算离家很远，让孩子留在原来的学校会更好吗？"即使距离遥远，父母也宁愿花更多的时间接送孩子，而不想让孩子面对变化。每当听到这些，我都能深切地感受到父母的一片苦心。

但是，我们不能断定环境的变化一定会给孩子带来消极的影响。正如我们在前文中说过的那样，父母给孩子的不应该是可以完美回避、化解不安和恐惧的环境，而是要帮助孩子，让孩子在接受新的刺激以后，也能快速找回内心的安定，尽快调节自己的情绪，有更好的行为。

如果出现了不可避免的变化，父母首先要摆正心态。"我没办法让孩子避开这个变化。既然如此，就把这次变化当作机会，多给孩子一次学习适应新环境的机会吧。"面对孩子时，父母的眼神、语气和态度都是受心态影响的，所以父母的正确心态才是最基础和最重要的。

找出一样能让孩子平静下来的东西。

如果有条件，我们可以在不同变化中，做出更有利于孩子的选择。假设我们有A、B、C三种选择，虽然都没办法避免环境的变化，但是我们可以选择多多少少更让孩子感到安心的环境。那么，我们怎样才能找到更有利于孩子的选择呢？我们可以从孩子已经适应的环境中寻找线索。想一想孩子在原来的学校或者幼儿园里喜欢什么，哪些东西曾经让孩子更快地适应。如果孩子过去已经经历过几次新的变化，我们可以想一想孩子对哪些环境是没那么抗拒的，在什么样的环境里适应是相对较快的，再从这些环境中寻找共同点。

每个孩子的情况也许都不一样。例如，有些孩子在比较小的空间里会感到更安心，有些孩子则更喜欢亲切的老师，还有些孩子倾向于学习内容较少、游戏内容更多的环境。在新的环境里,至少要有一个能让孩子感到舒服和安心的要素。只有这样,孩子才能有所依赖并慢慢适应。如果孩子已经可以很好地用语言沟通,那么父母也可以直接问孩子:"现在的幼儿园里,你最喜欢什么?"也许孩子不能给出一个很完美的答案,但是我们至少可以猜测他们的想法。

此外,我们还可以运用在第二部分里提到过的方法。父母可以多带孩子到新家所在的地区或者新的幼儿园周围,让孩子逐渐熟悉新的空间,也可以找一些孩子可能会感兴趣的照片或视频,让孩子提前了解。我遇到的父母中偶尔会有人说,孩子提前知道以后,反而会因为不安不停地提问,所以他们选择什么都不说。但是通常来说,突如其来的变化只会让孩子的适应速度变得更慢。所以即使有些麻烦,最好还是让孩子自己去经历这样一个过程,自己去解释、接受,再找回内心的安定。从长远来看,这样做更有利于孩子。

> 不得不让孩子接受
> 一个新的环境,
> 这时我们应该怎么做?

1 ▶ 至少选择一个让孩子感到安心的元素

——在孩子已经适应的环境里找到一个可以让孩子安心的元素。

——如果有多种选择,哪里有更多可以帮助孩子适应的元素,就选择哪里。

2 ▶ 提前体验和视觉探索,都可以让孩子更好更快地适应

——提前多去几次新家所在的小区,提前去看一看新的学校和幼儿园,都是有好处的。

——从长远来看,不给孩子充分的准备时间,向孩子隐瞒事实,反而会让孩子更加不安。

07

孩子害怕学习新东西，我应该怎么帮助他呢？

Q：孩子拒绝上所有的课外班。我不奢求孩子去学习，但是他连音乐、美术这样的兴趣班都不想去。其他孩子都在参加不同的活动，已经积累了不少经验，只有我的孩子什么都不想做。一想到这些，我就会非常焦虑。不仅如此，孩子的学习成绩也不理想。有什么办法可以让孩子到外面参加一些活动呢？怎样才能找到适合孩子的学习方法呢？

A：首先，我们要思考什么是学习。在词典里，学习的定义是获得并掌握新的知识或者技术。

瑞士著名发展心理学家让·皮亚杰在他的认知发展理论中提到，学习是为了理解新的环境，重新塑造认知结构的状态。让·皮亚杰还主张，学习的过程中必需的两个功能就是

"同化和顺应"。

接下来,我们再详细地了解一下"学习"这个概念。在遇到新的刺激和环境时,孩子会根据已知的信息和过去积累的经验来理解当前的情况,这就是"同化"。但是孩子仅凭借已知的信息,仍然会遇到很多不能理解的事情。当孩子遇到用自己的公式也无法解释的刺激和环境时,就会为了理解新的情况而修正过去的认知结构。这个过程就是"顺应"。简单举个例子,当孩子第一次遇到小狗的时候,会学到"有四只脚的可爱的动物=小狗"。有了这个认知以后,孩子再遇到一样的动物时,就会知道那是小狗了。这就是"同化"。但是有一天,孩子遇到了一只小猫,这是和已知的小狗不一样的动物。孩子用自己对小狗的认知是没办法理解小猫这种动物的。因此,孩子会通过"顺应"去了解小猫的特征,获得对小猫的新知识。其实让·皮亚杰所说的学习是一个"平衡化"的过程,即通过同化和顺应来解决新事物带来的不均衡状态。在这个过程中,最重要的是孩子的"动机"。新的刺激和环境打破了原有的均衡状态,孩子有意愿通过调整自己的认知结构,找回平衡才是最重要的。

我遇到过不少父母，他们和这个案例中的父母一样，都因为孩子不想上课外班，甚至尝试了很多次都失败以后，变得垂头丧气，心里又非常焦虑。从父母的立场来看，他们觉得："我愿意支持孩子，为什么孩子就是不想去呢？""为什么我的孩子做什么事情都这么难呢？"我和大家一样，我的孩子也非常容易焦虑不安。因为孩子，我也无数次地焦虑，忍不住生气。不仅如此，虽然我自己也是容易焦虑不安的性格，但是好奇心和求知欲都很强，所以看到孩子这样的表现，更觉得非常苦闷。但是理解了学习的整个过程，了解了孩子的特性以后，我也就接受了孩子的抗拒行为和缓慢的速度。从孩子的立场来看，在他们还没有形成新的认知结构，还没能很好地学习新的情况时，接连不断的刺激和新的环境变化只会让他们感到巨大的压力。不仅如此，孩子需要"同化"的过程，需要用以往的知识来认知新的信息。不同于对新事物并不抗拒、积极参与不同活动的孩子，我们的孩子是缺乏很多经验的，所以他们自然也需要更长的时间。积累一定的经验以后，孩子就会摸索出一定的规律，让自己可以更快地接受新的刺激和环境。但是在做到这一点之前，孩子是需要时间和一定帮助的。

要让孩子以更平和的心态面对学习这件事。

我们不能因为孩子容易焦虑不安,就放任孩子什么都不学。那么有什么办法可以帮助我们的孩子,让他们比现在更好地学习新事物呢?

首先,作为父母,我们应该好好思考"更重要"的是什么。世界上所有的父母都希望孩子可以积累更丰富的经验,有机会学到更多东西。我非常理解父母这样的心情。但是和父母沟通之后,我发现大多数父母的目标不是让孩子学习新东西,而是让孩子参加某一项活动,或者上某一节课。父母考虑的不是"怎样才能给孩子提供一个好的环境,让孩子更安心地学习",而是更多地关注"怎样才能让孩子上课外班"。当然,如果孩子可以更快地接受某一种课程,不抗拒参加某一个课外班,这的确是一件好事。但是对于容易焦虑不安的孩子来说,他们要先积累"学习"的成功经验。为此,需要具备两个条件。

容易焦虑不安的孩子的学习过程

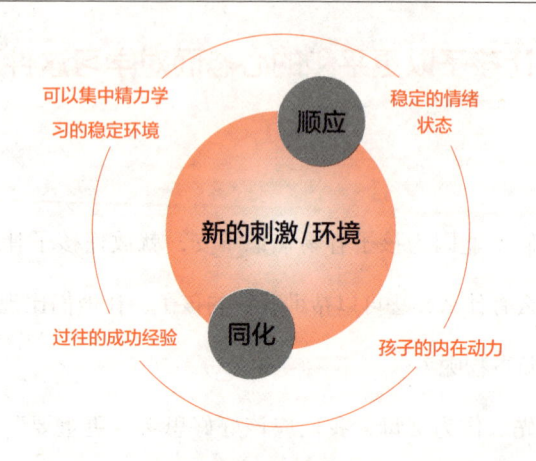

可以集中精力学习的稳定环境 — 顺应 — 稳定的情绪状态

新的刺激/环境

过往的成功经验 — 同化 — 孩子的内在动力

首先，孩子需要一个可以安心学习的"舒适的环境"。客观地说，团体活动和课外班并不是一个让人舒适的环境。

参加一项活动，意味着孩子需要和陌生的老师与同学在新的环境里做一件新的事情。对于孩子来说，这无疑是一个完全无法预测的、让人不安的情况。课外班也一样，一个不太舒适的环境、让孩子觉得害怕的老师，还有需要学习新知识的压迫感，那里充满了让孩子感到不适的元素。如果孩子很在意别人的看法，又很容易害羞，那么让孩子待在一个同龄人比较多的环境中，他们就已经非常疲惫了。在心里不安的状态下，孩子是很难学到新东西的。就算父母把孩子送到了课外班，大概率也只是父母得到了满足感,而孩子是很难好好学习的。因此,送孩子去某个地方不应该是我们的目标。我们最终是想让孩子学到新的东西。为此,我们应该从孩子觉得比较安心的环境开始。我这样说,不是想劝父母放弃把孩子送去课外班。我想说的是,我们应该从相对简单的阶段开始。例如,家对于孩子来说是一个舒适的环境,因此我们可以请老师到家里上课。如果孩子不太喜欢与同龄人在一起,那么可以给孩子报1对1或者小规模的课程。我们应该按照以下顺序,慢慢扩大范围:孩子学到一些东西→学到的东西在慢慢积累→消除对"学习"本身的不安→在不同的环境(课外班等)里也可以开始学习。

为了积累好的学习经验,第二个应该满足的条件就是"一次只学一样东西"。在养育孩子的过程中,父母变得贪心是很自然的事情。尤其是从婴幼儿时期到小学低年级,正是孩子认知发育的关键时期。父母通常认为应该让孩子多接触一些事情,所以都会变得有些心急。但是对于孩子来说,"学习"新东西本身就是"让人不安的情况"。这时,如果一次让孩子学习太多新的东西,孩子就不得不同时做很多件事情。为了兼顾所有的事情,孩子还需要把本就不多的勇气和能量分散到许多事情上。因此，为了让孩子积累更多"我做到了"的经验，我们应该调节孩子学习的速度和数量。如果孩子刚开始学习新东西，还处在适应的阶段，父母就应该暂时延缓其他学习。我们要相信孩子会用学美术的经验学会乐器，再用这些经验学会其他东西，慢慢扩大学习的范围。

如果已经满足了上述两个条件，做到了让孩子在他们觉得安心的环境里开始学习，一次学习一样东西，接下来父母就可以提供更具体的帮助了。孩子说的"我不想做"也许不只是一个简单的"讨厌"信号。

其实，这样的一句话里还包含了很多其他情绪，如"我害怕自己做不好""我不知道怎么开始，所以不想做""现在的情况太让人迷茫了，我不想一个人承受"。因此，父母需要一些策略，让害怕失败、不想独自承受的孩子更快地预测未来的情况，更快地开始学习。因此，我建议让容易焦虑不安的孩子"先行学习"，但需要注意的是，只需要比其他孩子快一步就可以了。到了托儿所/幼儿园以后，如果孩子发现一切都是自己第一次接触的事物，那么他们就很容易陷入恐慌。

但是如果有一些提前积累的经验，孩子就可以更轻松地开始学习，遇到自己不知道的内容，也会有更强的学习动力。以学校上课的内容为例，如果可以让孩子提前学 1—2 个单元的内容，孩子就会安心很多。不过父母也需要特别小心，如果提前让孩子学习太多的内容，他们也许会因无法充分消化学习的内容而变得更加不安。因此，父母应该适当调整学习的速度，以合适的节奏引导孩子。同时，我也推荐父母利用好学校发的每周生活计划表或者每周学习计划表。计划表不仅可以让孩子更安心，还可以帮助孩子对未来即将发生的情况有所预测。因此，培养和孩子一起确认材料的习惯也是很有帮助的。此外，在正式开始学习前，先确认目录也是一个很好的办法。孩子可以通过目录大概了解自己将要学习的内容，也会对自己将要面临的情况有一个大致的了解。如果孩子还在上小学低年级，我也建议父母在选择练习册的时候，尽量选择同一出版社的同一个系列。这样，孩子不仅熟悉练习册的结构，对字体和设计也不陌生。在相同的模式中，接受新知识也会变得更加容易。

最后，父母可以帮助孩子梳理学到的东西，整理自己觉得比较难的内容。为了摆脱学习带来的不安状态，孩子会把大部分的精力放在学习的过程上。因此，他们不太清楚自己做到了什么，也不记得自己是怎么做到的。为了更好地学习其他内容，父母应该帮助孩子做好整理和归纳。只有这样，孩子才能利用这些经验，学习其他新知识。例如，我们可以和孩子沟通，问问他们："有什么内容是你一开始觉得很难，但是现在已经理解的？""在这个过程中，你觉得最难的和最简单的分别是什么？"对于孩子曾经觉得很困难，但是现在已经解决了的部分，我们可以送给孩子一枚贴纸，以示鼓励。父母也可以参考实战2的内容，对孩子说："虽然一开始你觉得很难，但是现在类似的题对你来说都不是问题了。"像这样鼓励孩子，让孩子积累成功经验，也有很大的帮助。孩子会以这些成功经验为基础，越来越快地学会新的知识。

> 想帮助容易焦虑不安的
> 孩子更好地学习，
> 这时我们应该怎么做？

1 ▸ 从孩子觉得安心的环境入手

——我们的目标不应该是"怎样才能让孩子上课外班"，而是"怎样才能让孩子好好学习"。

——相对于有很多陌生人的课外班，1对1的家教和在家教学等方法会让孩子觉得更加安心。

2 ▸ 一次只学一样东西，不要对孩子提出过分的要求

——为了学习一样新东西，孩子会消耗大量的能量，付出巨大的努力。

——如果因为父母的贪心，要求孩子学习太多东西，孩子反而会因为不安产生抗拒心理。

3 ▸ 提高孩子对学习本身的安定感

——通过确认每周学习计划表等,让孩子对未来要做的事情有所认知。可以提前学习1—2个单元的内容,先行学习会让孩子在上课的时候不再手足无措。

——教材教辅的种类过多,会加剧孩子对学习的不安。

4 ▸ 积累学习的成功经验

——"哪一部分是最难的?""一开始不明白,但现在已经掌握的内容是什么?"通过提问,帮助孩子进行归纳和总结。

——"虽然你一开始不想做,但是现在你已经学会这么多了!"鼓励孩子,肯定他们取得的学习成果,帮助孩子积累成功经验。

08

孩子没办法自己上下学，也不敢自己睡觉。我该怎样做，才能让他独立呢？

Q：孩子已经上学了，但是我每天还在接送他。孩子不敢自己坐电梯，而且他总是说一个人上学很可怕，所以一直非常抗拒独自上学。我以为时间久了，孩子就会慢慢适应，但是已经过去一个学期了，情况依旧没有好转。我要接送孩子到什么时候呢？我这样容忍孩子，帮助孩子，会不会让他变得更软弱、更依赖他人呢？这个问题一直困扰着我。

Q：孩子现在已经上小学二年级了，但他还和我们一起睡觉。孩子说过想一个人睡，所以我们给他买了床，还按照他的要求装饰了房间。但是在几次尝试之后，他说自己总会想到可怕的事情，所以最终还是放弃了。说实话，我很想一个人舒舒服服地睡觉。同时，我也担心孩子一直这样下去，会不会有什么问题。我能看出因为这件事,孩子在朋友面前也觉得有些难为情,可他就是很难改变这种情况。我要等他到什么时候呢?是不是孩子有什么问题呢?

A:虽然这两种烦恼看似不同,但其实是同一个类型的问题。上述两个案例里的孩子都没办法离开父母,独立面对日常生活。有一些孩子从婴幼儿时期就可以独立入睡了。还有一些孩子,只需要父母接送一周,就会顺利适应,可以一个人去上学。但是与此相反,对有些孩子来说,一个人睡觉,一个人上学,确实是需要付出很多时间和努力才能做到的事情。而且,这也绝不是个别情况。在很多情况下,不少孩子都会有类似的表现。所以父母要陪着他们睡觉,还要接送他们上下学。

面对孩子这样的表现,父母通常都很为难。父母心疼孩子,所以会放任他们的一些行为,但是同时也忍不住怀疑和担心:"我要坚持到什么时候?""这样放任孩子也没关系吗?"在这里,我可以先把结论告诉大家。虽然让孩子独立是很重要的,但是父母不能要求孩子一次就独立做好所有的事情。父母应该选择对孩子来说比较重要的或者他们比较容易做到的事情,因为让孩子获得独立的成功经验才是最重要的。

首先，孩子害怕独立面对一些事情是很自然、很正常的。有些孩子对新的刺激和环境并没有抗拒心理，好奇心还很强。这些孩子不需要一个依赖对象。他们总是想赶快探索新的事物，想要立刻行动起来。但是容易焦虑不安的孩子就不一样了，他们一向都很难接受变化。即使有人陪着他们一起面对，接受起来也不容易。更不要说当父母不在身边、没有任何可以依赖的对象时，让他们独自去面对了。这时，孩子内心的恐惧会非常强烈。因此，无论是独立睡觉，还是独立上学，父母都不要过于心急。我们可以一次尝试一件事，并且鼓励孩子先在一段时间内做到独立。

通过渐进的方法，让孩子慢慢独立。

通常情况下，随着时间的流逝，孩子就会一个人睡觉或者一个人上学。总有一天，就算父母哀求孩子，想要和孩子一起睡，他们也会拒绝的。但是如果出于某些理由，必须要让孩子尽快独立，那么最好可以按照以下顺序引导孩子。

首先，父母要清楚对孩子来说"最重要的独立"是什么。我给父母做咨询的时候，一定会和他们确认，让孩子一个人睡觉是不是当前需要解决的最重要的问题。因为让孩子一个人睡觉，有时不是孩子需要，而是父母有这样的需求。最晚到了小学高年级，孩子就会自然而然地一个人睡觉了。不仅如此，我认为至少在睡觉的时候，让孩子心里舒服一些是有助于孩子的成长的。其实，"睡觉"对孩子来说不是一件很容易的事情。黑暗的环境，做了噩梦也无法寻求帮助的情况，都会让孩子恐惧。偶尔我还会遇到一些父母，明明孩子正在努力适应新的情况或者正努力在其他事情上做到独立，他们却还在要求孩子必须一个人睡觉。在这种情况下，如果给孩子的压力过大，超过了他们可以承受的范围，他们就只能通过不同的行为和症状来诉说自己的困难了。所以在教育我的孩子的时候，"睡眠独立"是在所有的独立中排在最后一位的。我一直都认为，至少要让孩子睡一个好觉。因为只有这样，孩子才会有力气去挑战新的事物。而且白天我都在外面工作，我很想在睡觉的时候多陪陪孩子。我并不反对睡眠独立，但我还是想让爸爸妈妈好好想一想，睡眠独立是不是最重要的。

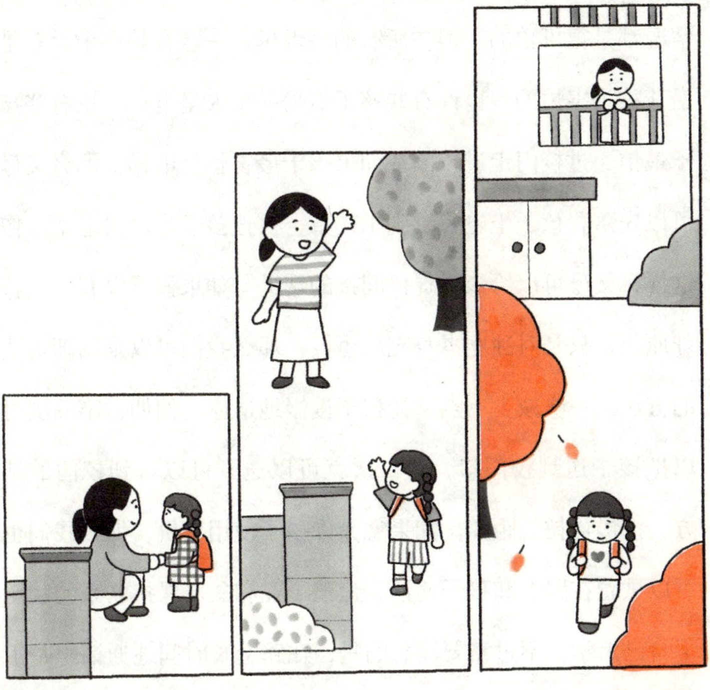

其次,父母要了解清楚究竟是因为什么,孩子才会感到如此恐惧,接下来再渐进式地帮助孩子做独立练习。假设孩子不敢一个人去上学,也许孩子觉得一个人上学时需要面对的所有情况都是很可怕的。但在所有的恐惧里,一定有某一个元素是最让孩子害怕的。也许有些孩子最怕一个人坐电梯,也有些孩子最怕通过校门走进校园。如果孩子最害怕坐电梯,那么父母可以先陪着孩子坐电梯,到了楼下,再让孩子自己去上学。像这样,父母可以给孩子提供间接的帮助。如果孩子没有什么特殊原因,只是对独立本身充满恐惧,那么我们可以采用渐进式的方法,一次减少一点,让孩子慢慢地适应。例如,第一次可以把孩子送到校门口,第二次就可以送到可以看到校门的地方,慢慢再拉长距离。如果您允许孩子使用手机,那么我们也可以试着在路上和孩子通话,让孩子在和父母保持联系的状态下自己上学。不过需要注意的是,在路上长时间地通话也是不安全的。因此,可以先让孩子确认父母的声音,在路上只是把连线状态的手机拿在手里即可。这个方法不仅对孩子有效,对那些太担心孩子而无法让孩子一个人去上学的父母也非常有帮助。

我们同样可以用循序渐进的方法，引导孩子一个人睡觉。一开始，父母可以和孩子在同一个房间，分开在不同的床上睡觉。接下来，在周末睡午觉的时候，尝试让孩子到自己的房间睡觉。然后，父母可以尝试在晚上，让孩子在自己的房间睡觉。最初的几天，父母可以哄孩子入睡，然后尝试慢慢退出。如果父母很心急，想要一次就达到目的，孩子就会变得更加不安，从而引发孩子更加强烈的抗拒。我们不能因为其他孩子成功了，就直接把他们的方法套用在自己的孩子身上。我们要正确了解孩子当前的状态，从孩子的实际情况出发，慢慢接近和尝试。也许很多父母会认为这个过程很枯燥，而且需要极强的耐心，但是只要成功一次，我们就可以用类似的方式，让孩子在其他事情上也独立起来。放下焦虑，从孩子当前的位置出发，慢慢引导孩子独立吧。

> 孩子没办法自己睡觉，
> 也无法一个人去上学。
> 这时我们应该怎么做？

1 ▸ 要明确最重要的独立是什么

——如果一次性挑战多件事情，孩子的能量就会分散，也会让孩子很有压力。

——随着孩子的成长，孩子会自然而然地一个人睡觉，所以要客观地考虑睡眠独立是不是最亟待解决的问题。

2 ▸ 了解孩子具体在害怕什么

——"你一个人上学的时候，最让你害怕的是什么？"

——"你为什么会觉得一个人睡觉很可怕呢？"

3 ▸ 面对孩子时要循序渐进，让孩子渐渐地独立起来

——在同一个房间分开睡→在孩子的床上一起睡午觉→晚上一起在孩子的房间睡→哄孩子入睡→独立睡觉

——送到校门口→在可以看到校门的地方离开→送孩子到电梯或路口（孩子害怕的地方）→保持电话连线的状态下让孩子一个人去上学

09

可以把孩子容易焦虑不安的性格特征分享给老师吗？

Q：我送孩子到教育机构的时候，收到了一张关于孩子性格特征的调查问卷。一时间，我不知道自己"该不该如实地记录孩子容易焦虑不安的性格"。一方面，我想"如果如实地记录，老师会不会更关注我的孩子"；但是另一方面，我也担心"我对孩子的消极评价，会不会让老师对孩子有偏见"。我应该和老师分享孩子的这种性格特征吗？如果可以分享的话，可以拜托老师哪些事情呢？

A：无论孩子多么容易焦虑不安，多么害怕做一件新的事情，在父母的陪伴下，这些都不是很严重的问题。因为父母可以耐心地等待孩子，包容孩子。

但是当孩子开始和其他人相处、开始集体生活时，父母的担心就变得越来越多了。如果只需要短暂地接触外部环境，那么不让孩子参加这种活动也没什么关系。但是去托儿所、幼儿园和学校就不一样了。在这些地方，孩子不得不长时间地持续接触陌生人和陌生环境，这对孩子和他人的影响都是很大的。因此，如果孩子的适应速度比较慢，很难开始一项新的活动，表现得过分害羞，经常有哭闹的行为，他们的父母就会考虑是否应该"提前说明孩子的这种性格特征"，事先得到其他人的谅解。但是同时，父母也会担心"万一说出来以后，老师对孩子有偏见怎么办""我这么说，老师会不会觉得我太宠孩子了"。出于这些顾虑，大多数父母都不会轻易开口。我们应不应该和老师分享孩子的性格特征呢？怎样才能做到让其他人知道，又不会让他们对孩子产生偏见呢？

父母和老师可以成为最佳搭档，共同帮助孩子战胜不安和恐惧。

老师会不会以异样的眼光看待孩子？父母会有这样的担

忧，我是非常理解的。但即使如此，提前分享有关孩子的信息还是非常有帮助的。孩子在教育机构和在家里的表现也许会截然不同。也许孩子的表现会超乎想象，也有可能在家里不成问题的事情，到了外面却让孩子犯了难。曾经有一位妈妈找到我，她的孩子的不安程度非常高，寸步都不能离开妈妈。送孩子去幼儿园之前，妈妈非常担心。刚和妈妈分开的时候，孩子的确非常抗拒。但是孩子到了幼儿园以后，却玩得非常开心。老师经过观察，还发现了可以让孩子更快地参与新活动的要素。因为父母并不能在所有的环境中观察孩子，所以通过和老师的沟通，父母也可以更多地了解孩子。

通常情况下，在孩子上托儿所、幼儿园和小学的过程中，父母都有两次和老师分享信息的机会。第一个是在新学期开始时，填写孩子的基础信息表。第二个就是利用好老师和父母的沟通时间。在填写新学期资料时，我建议父母简单扼要地分享孩子的特征，不要琐碎地写太多的内容，也不要过多地暴露出自己的担心。父母可以简单地写"孩子在面对新的刺激和环境时容易焦虑不安，需要较长的时间适应"，或者列举孩子特别讨厌和抗拒的刺激。如果担心老师对孩子有偏见，父母也可以同时写下孩子的优点。例如,"在新的环境中,孩子很难快速开始挑战或无法快速适应,但是孩子遵守规则,而且做事很慎重。"通过这样的说明,老师会自然而然地了解到孩子的优点。如果老师能认知孩子的情绪状态,就更有可能多对孩子说一些积极的有帮助的话了。

另外,父母可以利用每年两次左右的家长会,更详细地了解孩子在学校表现出来的性格特征、同伴关系、上课和游戏时间的表现等信息。通常情况下,父母都需要直接到教育机构或者学校开家长会。这时,父母可以把握机会,亲自观察孩子所处的环境。只有详细了解了孩子所在的环境,父母才能更好地理解孩子所说的话,从而更好地共情孩子,给孩子更合适的帮助。因此,我希望父母不要错过这两次机会,多多获取信息。

此外,父母可以在分享孩子性格特征的时候,请老师多包容孩子。这时需要注意的是,千万不要不管不顾地请老师帮忙,不要给老师留下过分宠溺孩子的印象。父母可以分享一两件孩子觉得最难的事情,比如吃饭时间或者需要孩子演讲的情况,再和老师说:"我们在家也一直努力让孩子更加独立,培养孩子的自信心。希望老师在幼儿园也可以多帮助孩子,让孩子更好地适应。"千万不要因为孩子这样的性格特征，自顾自地要求老师理解孩子，而是要和老师分享孩子的情况，拜托老师可以和自己一起帮助孩子解决问题。

父母和老师可以成为最佳搭档，共同帮助孩子战胜不安和恐惧。父母和老师搭配得当，即使孩子在不同的环境里，也可以得到具有"一贯性"的反馈。这样，孩子就可以更快地理解和接纳。希望各位父母可以利用以上的方法，好好和老师分享和沟通。

怎样和老师分享孩子的性格特征？

1 ▸ 和老师分享孩子的性格特征可以帮助孩子更好地适应新环境

——不要过于担心老师会对孩子有偏见，不如选择好好和老师分享。

——父母可以通过家长会和公开课，更好地理解孩子所处的环境。

2 ▶ 记得要同时分享孩子的优点

——父母对孩子的积极评价会影响老师对孩子的看法。

——"孩子可能会需要更长的时间去适应新的环境。但是一旦适应,孩子会更好地遵守规则,性格也很慎重。这些都是孩子的优点。"

3 ▶ 不要忘记分享父母在家里做了哪些努力

——"在家里,我们一直都在帮助孩子,让他更快地适应新环境。""我们每天都在鼓励孩子,让孩子不要哭得那么厉害。"

——让老师知道父母为了孩子的成长,在家里也做了很多努力,同时希望得到老师的谅解。

孩子不想尝试新事物，总是玩类似的玩具，做类似的活动

Q：大家都说孩子是在游戏中学习的，但是我的孩子总是反复地做那几个差不多的游戏。不仅如此，他喜欢的故事都差不多，玩的玩具也基本不会变。我早就厌倦了这样的反复，难道孩子不会觉得枯燥吗？我想知道孩子是不是有什么问题。就算孩子不愿意，我是不是也应该逼一下孩子，让孩子多尝试一些新的游戏呢？

A：也许每一位父母都听说过"孩子在游戏中学习"这个说法。我们都很清楚，游戏对孩子是非常重要的。通过不同的游戏，孩子可以得到全方位的发展。不过有时，正是因为太清楚这一点，父母才会变得非常苦恼。

如果孩子因为焦虑不安，不愿意参与新的活动，或者每次

都只想做类似的游戏，那么这些孩子的父母就会更加心烦了。他们总会想："为什么孩子不想做一做其他游戏呢？""这样下去，恐怕我的孩子要落后很多了吧？"

我很理解父母焦虑的心情，但是父母忽视了一点。游戏不仅仅是孩子用来学习的工具，其实游戏本身就有很重要的意义。游戏是可以让孩子自由表达情绪和想法的空间，也是他们用来排解压力、找回内心平静的方法；游戏更是孩子的一种语言，可以让孩子们互相沟通。孩子有能力辨别哪些游戏是自己想参与的，而且一旦做了选择，就能很好地参与其中。

容易焦虑不安的孩子会反复做类似的游戏或动作，不仅因为开始一个新的游戏会让他们很有压力，也因为他们可以通过反复同样的动作，达到练习的目的，从而让自己平静下来。我曾经遇到过一个孩子，他每天都会坚持做一件事，就是带着玩偶坐幼儿园校车，到了幼儿园再带着玩偶下车。无论发生任何状况，孩子都不会忘记做这一件事。这对他有什么意义呢？

孩子每天早上都要离开妈妈，一个人坐校车到幼儿园。孩子是想通过重复这个过程，慢慢让自己平静下来。此外，很多孩子都喜欢讲故事的游戏。如果我们仔细观察故事的内容，就会发现孩子通常会在故事里提到自己害怕的形象,接着再把它们关起来或者杀掉,把自己塑造成一个像英雄一样强大的人物。孩子这样做,是想通过游戏来实现现实生活中很难做到的事情。因此,不要因为孩子总是玩同样的游戏就过分担心,或者试图改变孩子。我希望父母可以多花一些时间去观察孩子,更多地了解孩子为什么会玩这样的游戏,孩子的游戏背后又藏着什么样的故事。

玩同样的游戏时,可以每次增加一些新的内容。

如果父母还是想让孩子多尝试一些新事物,可以以辅助者的身份参与孩子的游戏,或者在孩子做相似的游戏时,每次增加一些新的内容。例如,父母可以和孩子一起玩角色扮演的游戏。这时,孩子是导演和作家,父母需要进入孩子的剧本里,按照孩子的要求当演员。父母可以通过"我们做些什么""在这里要怎么做"等类似的提问,明确孩子的意图。此时,父母一定要清楚一点：由父母来主导游戏或者强行拓展故事内容，不能真正扩大孩子的游戏范围，反而会让孩子失去一个本可以安心享受的游戏。当孩子沉浸在游戏中时，他们会主动拓展游戏范围。父母只需要配合孩子，帮助孩子更好地享受游戏。

因此，如果孩子有自己喜欢的主题、方法和道具，那么父母就可以以此为切入点，再慢慢地拓展新的游戏。例如，如果孩子喜欢球类游戏，那么父母可以让孩子尝试打更大的球、软一点的球，比如篮球等，让孩子接触和体验不同的球类运动。如果孩子喜欢某一款桌游，父母也可以引导孩子玩一个类似的新游戏。例如，如果孩子喜欢集卡游戏，就可以用集芯片的游戏来代替。相对于一个全新的游戏，父母可以从孩子比较容易接受的道具的增加入手，慢慢地拓展游戏范围。

孩子只想玩类似的游戏，这时我们应该怎么做？

1 ▸ **通过反复玩相同的游戏，孩子可以排解压力，找回内心的平静**

——通过游戏，孩子可以尽情地表达自己内心的想法。

——孩子是通过反复做相同的游戏做练习，由此找回内心的平静。

——角色扮演和想象游戏是孩子排解恐惧情绪的方法之一。

2 ▸ **父母可以作为辅助者，参与孩子的游戏**

——"你想玩什么游戏？""爸爸妈妈是什么角色？""在这里要怎么做？"

——只有把游戏的主导权交给孩子，孩子才能安心地拓展自己的游戏范围。

3 ▸ **在孩子喜欢的游戏里增加一些新的内容**

——从孩子喜欢的主题入手，拓展孩子的游戏范围。

——如果有孩子喜欢的玩具或教具，可以提供一些新的类似的东西，慢慢地拓展孩子的游戏范围。

孩子会表现出非常害怕的样子，所以我根本没办法好好教育孩子

Q：每次教育孩子的时候，我都觉得特别为难。只要我的表情和声音稍微有点变化，孩子就会吓得浑身颤抖，一个劲儿地看我的眼色，所以我从来都没有好好教育过孩子。我有时也会担心，这样继续下去是否可行。看到其他父母在教育孩子的时候都会很严厉，但是我几乎都是还没开始就草草收场了。在和孩子的关系中，我是不是丢掉太多父母应有的权威了呢？万一以后必须好好教育孩子的时候，我没办法做到，会有什么样的结果呢？

A：对于所有父母来说，最难处理的问题就是"教育"。和孩子的性格特征无关，纠正孩子的错误，甚至改变孩子的行为都是非常困难的事情。

容易焦虑不安的孩子几乎不会轻易打破规则，或者做一些危险的事情。但是当他们陷入担忧和恐惧的状态时，会因为无法正确判断当前的情况而乱发脾气，或者大哭大闹地表达抗拒。通常在这种情况下，父母才会教育孩子。不过即使出现了这种情况，父母也很难当面纠正孩子的错误。可能父母还没说几句，孩子就表现出非常害怕的样子，还会忍不住大哭起来。这样一来，父母也就没办法继续教育孩子了。这时，父母通常都会选择放弃教育孩子，转而去安抚孩子的情绪。或者父母不再关注孩子做错了哪些事，而是去指责孩子哭闹的行为，导致教育的方向出现偏差。

不仅如此，孩子的哭声和哼唧的语气会让父母备感疲惫。所以父母不会拿出父母的权威来纠正孩子错误的行为，而是单纯地发泄自己的情绪，冲孩子发起火来。这样一来，父母不仅没有达到教育孩子的目的，事后还会因为责怪了孩子而陷入自责。教育是父母应该承担的义务，也是父母权威的表现。因此，虽然教育孩子的频率不宜过高，但是如果父母完全拿孩子没办法，则应该尽快找到症结并加以解决。尤其是在面对容易焦虑不安的孩子的时候，父母也要多注意教育的方式，做到保持一贯性。

父母的教育可以为孩子提供一个标准，只有这条界限清晰且可以预测，孩子才会明白"什么样的行为是不正确的"。孩子清楚地知道不可逾越的底线在哪里，心里也会有更多的安全感。恰当的教育不仅有利于父母和子女关系的发展，也会帮助孩子健康地成长。

教育孩子时不要吓唬他，应该针对孩子的行为提出批评。

只有孩子真正理解了教育的内容，父母的教育才算有效果。因此，父母在教育孩子时，应该尽量避免让孩子陷入不必要的情绪之中。有不少父母会吓唬孩子，和孩子说"不听话就会有坏爷爷和警察叔叔抓走你"。越是容易焦虑不安的孩子，听到这样的话就会越害怕。他们会因为恐惧而改正自己的某些行为，但是这种现象都是一时的。孩子并没有认识到"我不能这样做"。他们看似改掉了一些坏毛病，事实上却只是因为

"害怕坏爷爷和警察叔叔来抓我"而停止了某些行为。结果孩子发现并没有人来抓自己,很快就会再次犯同样的错误或者出现类似的其他行为。

通常情况下,父母可以让孩子坐到椅子上或者一个人到房间里反思,也可以把孩子带到角落里教育。但是对于某些孩子来说,这些方法只会加剧他们的不安和恐惧,所以对他们来说,这并不是很有效的教育方法。过去做讲座的时候,曾经有一位家长问过这样一个问题:"老师,我家孩子是不是太胆小了?每次我关上房门,想要好好教育他的时候,他都会扯着嗓子大哭起来。我听说教育孩子的时候,最好关上门,在一个可以完全隔开的空间里进行。我只是遵循了这条建议,以后我还可以继续这样教育孩子吗?"

大家的想法如何呢?孩子强烈地表达抗拒,父母却还是坚持关上门教育孩子。这样的教育真的会有效果吗?一旦陷入某种情绪,孩子就听不进父母的话了。孩子满脑子都在想"怎样才能摆脱当前这个让人害怕的状况"。有些孩子还会因为害怕,伸出双手想让父母抱一抱自己。在这样的环境里,无论父母怎样教育孩子,都不会有任何效果。即使是很多人推荐的教育方法，如果它不适合自己的孩子，让孩子感受到了强烈的威胁和压力，就不要再坚持了。不仅如此，虽然教育孩子是非常必要的，但是如果频率太高，效果也会很差，几乎等于零。尤其是容易焦虑不安的孩子，他们做每一件事，都是需要鼓足勇气的。当然，我并不是说因此父母就要包容孩子的所有行为。父母应该想一想，是不是因为自己先感受到了不安，所以才会习惯性地控制孩子的行为，是不是过分地限制了孩子的活动范围。

如果遇到一定要教育孩子的情况，父母就不能再被孩子的情绪左右，而是要坚持下去，继续好好地教育孩子。延长教育的时间对父母没有好处。随着时间的推移，孩子可能会更加强烈地发泄情绪。看着这样的孩子，父母也许会因为心疼孩子，中途放弃教育孩子，或者也有可能会因为压力过大，忍不住冲孩子发火。

那么在教育容易焦虑不安的孩子的时候，我们应该注意些什么呢？

很重要的一点是，父母教育的对象不应该是孩子的情绪，而是孩子的行为。客观地说，感到焦虑不安并不是孩子的错。

想要"摆脱让人害怕的情况"的心情,认为"第一次做的事情都很危险"的错误想法,都会让孩子自然而然地陷入不安和恐惧。因此,父母对孩子说"有什么好害怕的""为什么每件事做起来都这么难",相当于批评了孩子的情绪,而孩子的情绪不可能被一时的教育所改变。教育孩子时,父母应该读懂孩子的情绪背后的需求和想法,把重点放在"即便如此,仍不应该有某些行为"上。尤其是在孩子通过大哭、耍脾气、大喊大叫、躺在地上打滚等方式来表达自己的不安和恐惧时,父母应该引导孩子学会用"语言"来表达。因为通过语言表达情绪的时候,我们就已经在调节情绪了。不过,简单地对孩子说"不要哭,不要闹,说出来",不能有效地改变孩子的行为。孩子并不清楚自己要用什么样的语言来表达自己的需求。因此,父母应该先了解当前的情况,了解孩子有什么样的需求,是什么样的错误想法困扰着孩子,再具体地告诉孩子应该用什么样的语言来表达。例如,孩子可能担心朋友会抢走自己的东西,所以大哭大闹。这时,父母可以对孩子说:"不要哭,也不要大声喊叫。你可以和朋友说'这是我的,不要碰'。"教育并不是单纯地大喊"不行,不可以",要先了解孩子为什么会做出某种行为，接着用"不可以"来停止孩子的某种行为，最后再提供可代替的方案，这样才是一套完整的教育方法。

最后，有必要的时候，父母要明确地和孩子说"不可以"。在现实生活中，很多父母都做不到这一点。有些父母担心这样会让孩子畏缩起来，有些人会觉得对不起孩子，还有一些父母很难说出"不可以"这种话。但是教育不是和孩子协商，也不是在请求孩子。有些父母会和孩子说"你可以这样做吗？如果你做这个，我就答应你那个"，但这并不是在教育孩子。所以，即使有一些父母认为说出表示禁止的话很困难，也应该多练习，做到准确地表达"不可以这么做""这是不被允许的"。此外，父母可以同时给孩子一些视觉上的刺激。父母可以在拒绝孩子的同时，用胳膊摆出 X 形，或者稍微用力抓住孩子的胳膊，让孩子停止当前的行为，这样的方法都可以大大提高教育的效果。孩子的性格特征也许会让父母心软，也有可能会让父母非常疲惫，但是我们一定要明白，只有明确有效的教育，才会给孩子更大的安定感。

> 孩子太胆小了，我根本没办法严厉地教育孩子。这时我们应该怎么做？

1 ▸ 避免使用让孩子感到恐惧的教育方法

——如果父母的教育让孩子极度恐惧，那么这种教育是没有效果的。

——利用孩子害怕的对象（如坏爷爷、警察叔叔等）来教育孩子，反而会加剧他们的不安。

2 ▸ 教育的对象不应该是孩子的情绪，而是孩子的行为

——"你为什么这么害怕？"像这样指责孩子的情绪，不能带来实际的改变。

——要做到对孩子的恐惧情绪共情，再把重点放在孩子的表达方式上进行教育。

3 ▸ 准确、果断的教育会让孩子的心里更加踏实

——"不可以""不能做"、用手臂摆出 X 形等，要明确禁止孩子的某些行为。

——如果没有明确的规则和限制，孩子就不知道界限在哪里，这只会加剧他们的不安。

12

孩子的表现总是反复无常，既想尝试，又很胆小，我应该怎么办呢？

Q：我的孩子不仅容易焦虑不安，性格还很固执，而且脾气也反复无常。例如，我带孩子去了他想去的地方，结果到了地方他又说很害怕，根本不好好玩。每次遇到这种情况，我都很生气，但还是会耐着性子，和孩子说没关系，我们可以下次再来玩。听到这些，孩子就会发脾气，吵着说还想再尝试一次。我经常会遇到类似的情况，所以即使身为父母，也会忍不住生气。我的孩子到底怎么了？我完全搞不懂孩子在想什么，我究竟该怎么做呢？

A：面对新的刺激和环境时，每个孩子的反应都是不一样的。有些孩子会表现出强烈的好奇心，很快就行动起来。但是有些孩子恰恰相反，每次面对新事物的时候，他们都会变得高度紧张和不安，还会因为巨大的恐惧而表现得畏畏缩缩。我们不需要评价哪一种反应更好或者哪一种不好。孩子会有不同的反应，只是因为他们的性格特征各不相同。不过，我们不能简单地把孩子分为好奇心强的孩子和容易焦虑不安的孩子。

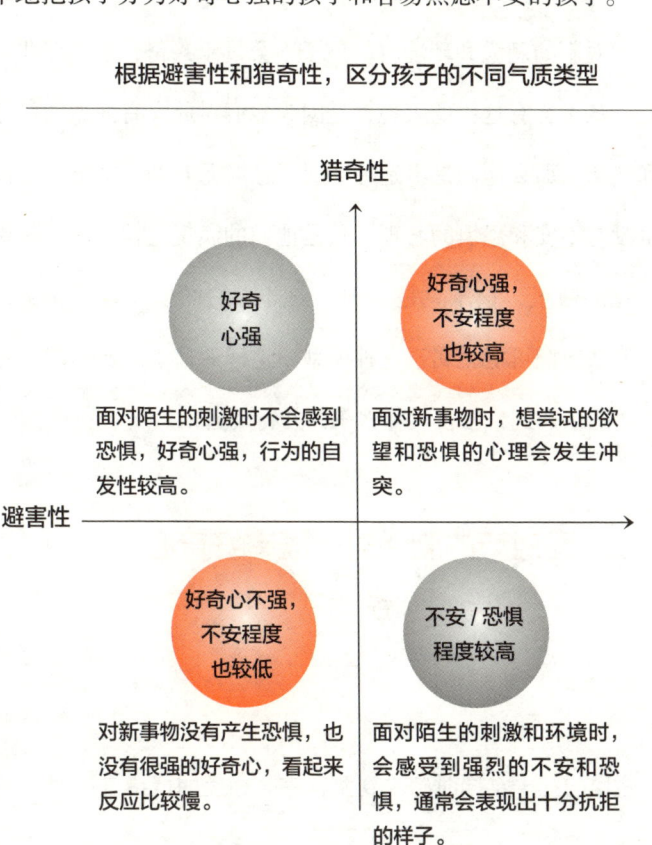

根据避害性和猎奇性，区分孩子的不同气质类型

猎奇性

好奇心强	好奇心强，不安程度也较高
面对陌生的刺激时不会感到恐惧，好奇心强，行为的自发性较高。	面对新事物时，想尝试的欲望和恐惧的心理会发生冲突。

避害性 →

好奇心不强，不安程度也较低	不安/恐惧程度较高
对新事物没有产生恐惧，也没有很强的好奇心，看起来反应比较慢。	面对陌生的刺激和环境时，会感受到强烈的不安和恐惧，通常会表现出十分抗拒的样子。

既没有好奇心，也不会焦虑不安的孩子

面对新的刺激和环境时，孩子不会过于兴奋，也不会非常开心。孩子会有这样的表现，是因为他们对此没有强烈的好奇心和热情。那么他们是不是感受到了恐惧呢？通常情况下，他们也没有不安和恐惧的心理，只是他们的表现比较冷淡。如果在父母的眼里，孩子总是一副不太开心的样子或者行动比较慢，那么他们可能就属于这种类型。这样的孩子需要一定的时间，才能认知到自己喜欢什么东西并行动起来。

面对新的刺激时，既有好奇心，也会感到焦虑不安的孩子

这样的孩子会同时感受到两种完全相反的情绪。例如，父

母带孩子外出时，刚好发现商场为孩子准备了有趣的活动。这时，孩子会跃跃欲试，但是同时也觉得有些不安和恐惧。

这时，孩子会说："太可怕了，我不想做。"听到孩子这么说，父母会选择共情孩子，尊重孩子，对孩子说："好吧，如果你觉得害怕，不做也没关系。"但是孩子不会真的就此放弃，而是表现出非常纠结的样子。孩子会有反复无常的行为，一会儿想尝试，一会儿又说没法做，再过一会儿又突然想再试一试。即使身为父母，也没办法做到无限度地容忍孩子，所以很多父母会忍不住大声指责孩子："你到底想怎么样！你想怎样就怎样吧！"

在容易焦虑不安的孩子中，有一些孩子会同时具备这两种完全相反的特征。请大家记住，这不是因为孩子有什么问题。孩子会有反复无常的表现，其中一个重要的原因就是孩子具备了这两种相反的气质特征。

帮助孩子，让孩子认知到自己矛盾的心理

面对这样的孩子，我们应该提供什么样的帮助呢？我们不能无条件地容忍孩子，但是一想到孩子心里也很纠结，孩子也很辛苦，就会犹豫起来，没法教育孩子了。如果孩子既焦虑不安，又总是跃跃欲试，那么父母应该先考虑清楚"孩子应该学习什么"。

首先，我们要让孩子认识到自己的心理状态，认知到自己的矛盾心理。虽然父母也很难理解孩子的内心世界，但最难理

解自己的人还是孩子。孩子没有足够的经验，没办法客观地观察和认知自己的内心，所以孩子并不知道"我现在很想尝试，但同时也很害怕"的事实。这时，如果父母只是简单地共情孩子，对孩子说"你觉得很害怕吧"，就说明没有真正体会孩子的心情。这时，孩子也许会说"不是！"或者说"（爸爸妈妈都不懂我）我讨厌你们！"

父母可以经常提醒孩子，让孩子认识到自己的心里有两种相互矛盾的情绪，明白他们有时候虽然很想做，但也会因为害怕而犹豫不决。只有这样，孩子在遇到类似的情况时，才能快速地了解自己的内心，更快地做出选择。例如，孩子一直都很想参与商场的活动，但是突然又反悔，变得犹犹豫豫。这时，父母可以和孩子说："你很想试一试，但是又怕做不好，所以心里才会很担心吧？"通过这样的方式，父母可以理解孩子的内心，也能更细腻地关注孩子的内心世界。孩子一生都要和这种矛盾的内心共处。所以父母要经常这样做，抓住每一次可能的机会去理解和安抚孩子。

接下来，父母还要帮助孩子，让他们自行去感受自己的内心。我们可以提出一些好的问题，给孩子提供选择的可能。例如，我们可以问孩子："你是更想试一试，还是实在太害怕了，所以想放弃呢？我们再好好想一想吧。"或者可以让孩子用画圈或写数字（满分10分）的方式来表达内心的想法。当然，每次孩子给出的答案都会不一样，也许有时孩子更想试一试，但还有一些时候，恐惧的心理会占据上风。

下一步，父母要引导孩子以更加平和的心态做出选择。偶尔会有一些父母在前面几步都做得很好，但是到了孩子做选择的这一步，就会失去耐心，对孩子说："好，随你便吧！""你再这样犹犹豫豫，下次就不要再提这件事了！"叠加上父母不友好的口气，孩子只会变得更加焦虑不安。如果因为自己的犹豫不决而被责怪，那么下一次孩子可能就直接放弃尝试了。这时，父母可以和孩子说："你现在太害怕了，所以今天我们就看一看吧。不过你想尝试，我们随时都可以再来，不用太担心。"如果孩子知道即使现在放弃了，以后还是有机会再次尝试的，那么孩子也许会做出截然不同的选择。

最后，在整个过程中，父母也可以更加积极地提供帮助。例如，父母可以主动问孩子："爸爸妈妈怎样帮助你，你才能鼓起勇气呢？""爸爸妈妈帮你到什么程度，你就可以接着自己做了？""你想让爸爸妈妈在哪里陪着你？"接下来，父母可以根据孩子的需求，提供相应的帮助。通过这样的方式，父母可以让孩子反复地意识到"我需要什么样的帮助""我可以得到什么样的帮助"。在孩子还不能很好地认知自己的情绪、无法正确表达自己的阶段，他们做任何事情都会犹豫不决。不过经过父母的帮助和引导，孩子会慢慢了解自己的需求，认识自己的内心，再逐渐学会调整自己的情绪。

> 孩子既害怕，又想尝试。面对犹犹豫豫、反复无常的孩子，我们应该怎么做？

1 ▸ 理解和共情孩子矛盾的内心
——虽然不安又恐惧，但同时也对新的刺激和环境充满好奇。
——有些孩子不是单纯地焦虑不安，而是心里会有相互矛盾的情绪。面对这些孩子时，需要提供和他们的性格特征相符的共情和帮助。

2 ▸ 让孩子了解自己的内心

——"你觉得这很新奇,所以很想试一试,但是又有点害怕,对吗?""虽然有点担心,但还是想尝试一下,对不对?"像这样和孩子沟通,做到共情孩子的矛盾心理。

3 ▸ 帮助孩子,让孩子可以自己做出选择

——"今天我们就看一看,好吗?""你想挑战的时候,妈妈随时都可以再给你机会的。"减轻孩子对选择的负担。

——"爸爸妈妈怎么帮你,你才能鼓起勇气呢?""爸爸妈妈帮你到什么程度,你就可以接着自己做了?"让孩子知道,如果他需要,爸爸妈妈是可以提供帮助的。

我要带孩子接受心理咨询，或者去看小儿精神科吗？

Q：孩子总是焦虑不安。偶尔也会有人建议我带孩子去接受心理咨询。说实话，我也动过这个念头，但是又怕自己是在小题大做，毕竟也有不少人说"再等一等，也许孩子慢慢就会好起来了"。我每天都会无数次地纠结，不知道要不要带孩子看医生。我的孩子真的需要专家的帮助吗？是否需要看医生，有什么可以依据的评判标准吗？

A：世界上有很多和我的孩子一样容易焦虑不安的孩子。我很想给这些孩子的父母提供一些帮助，但是同时，我也有一些顾虑。我担心自己会给父母传递一些错误的信息，误认为无论是什么样的情况，都不需要向专家求助，仅凭自己的力量就可以解决孩子的问题。父母可以通过很多方法帮助孩子，但是这并不意味着"孩子一定会变好，所以爸爸妈妈自己解决就可以了"。虽然大多数孩子都会在父母的帮助下慢慢变好，但是不能排除偶尔会出现需要专家协助的情况。那么，在什么样的情况下，我们需要寻求专家的帮助呢？

是否需要寻求专家帮助的判断标准

那么，怎样才算是"过度的不安/恐惧"呢？父母可以通过以下几个标准来判断。

第一，如果孩子需要适应新的环境，那么父母应该从至少一个月前就开始通过不同的方法来帮助孩子，等待孩子慢慢适应。越是敏感的孩子，受环境影响的可能性就越高。即使是很小的变化，孩子也会有一些反应。孩子的发育水平决定了他们的经验是匮乏的，知识储备是不够的，而想象力是丰富的。因此，孩子会经历一段混乱的时期，可以说是不可避免的事情。因此，专家不会在孩子正在适应新环境的时候轻易下结论。甚至在孩子拒绝说话，出现选择性缄默症症状的时候也是如此。

如果孩子正在适应新的环境，就不能排除这是一个正常的过程，所以专家在依据症状持续的时长来进行诊断时，也会在正常标准之外再延长一个月左右的时间。

第二，如果孩子突然经历一件事情，父母要关注孩子的状态。仔细观察当刺激消失、情况发生变化以后，孩子有什么样的表现。正常情况下，当情况稳定下来以后，孩子就应该慢慢变好了。但是如果让孩子焦虑不安的情况不复存在了，孩子仍然大哭大闹，觉得难以忍受，那么很有可能是当前的环境仍然会带给孩子比较强烈的刺激。例如，孩子很怕小狗，在突然遇到小狗时，孩子会因为害怕而大哭大闹起来。但是经过父母的安抚或者离开了那个地方，小狗消失以后，孩子就应该慢慢平静下来了。如果孩子仍然大哭不止或者哭得更厉害了，那么孩子一定是非常难受的。在这种情况下，父母可以选择向专家求助，通过咨询或者游戏疗法帮助孩子。

第三，需要确认孩子是否因为焦虑不安而不能发挥正常的"机能"。从专家使用的精神疾病诊断标准（由美国精神医学学会发布的《精神障碍诊断与统计手册 DSM-5》）就可以看出，几乎所有的标准都会考虑到"正常机能"的问题。如果孩子过于不安，已经不能正常上学和学习，即使没有新的刺激和情况，孩子仍然深陷不安情绪，无法集中精神，无法和他人眼神交流，情感交流有问题，这时就不要再犹豫了，立刻带孩子去看医生。如果孩子无法正常吃饭和睡觉，长时间地无法正常生活，或者即使没有明确的学术性因果关系，但是孩子已经出现痉挛、缄口等症状，那就是孩子在发出强烈的求救信号。如果事态已经严重到这个程度，父母是可以本能地发现的。尤其在孩子因为焦虑不安而出现攻击性行为或者开始伤害自己时，就更要抓紧时间，尽快寻求专家的帮助。父母应该在孩子的焦虑不安情绪严重影响孩子的发育之前，尽快找专家治疗。这对孩子也是有帮助的。

最后，当父母没办法安抚孩子的不安情绪，没办法为孩子提供合适的帮助，或者父母自己也觉得难以承受的时候，应该寻求专家的帮助。通常情况下，父母是可以最直接、最明确地为孩子提供帮助的人。但是如果连父母自己都陷在不安情绪里，孩子该怎么办呢？这样的父母是没办法共情和等待孩子，更没办法帮助孩子的。因此，为了自己，也为了孩子，父母应该先找到专家，寻求他们的帮助。此外，即使父母没有不安情绪，但对于一些父母来说，在现实生活中运用从这本书里学到的方法也是很有难度的。通过文字学习的效果非常有限，而且每个孩子的特性和不安程度都不一样。如果实在把控不好，那就可以找到专家，直接向他们请教。这是很正确且有勇气的决定。

带孩子接受心理咨询并不是一件容易的事情。父母会担心"这样做会不会是在定义孩子"，也会因为不了解治疗的费用和过程等信息而备感压力。同时，父母不知道这个过程要持续多久，所以真的很难去找专家。但是找专家不仅仅是为了"诊断"孩子，而应该把它当作能够迅速帮助孩子的"捷径"。

如果父母觉得去小儿精神科压力太大，也可以选择带孩子接受心理咨询或者去游戏治疗中心。很多父母一听到"治疗"这种字眼，心里都很有压力。但是因为孩子无法充分理解通过语言传递的信息，所以咨询大多都是通过游戏、美术等方式进行的。可以理解成除了父母，还有其他人通过游戏和孩子对话，鼓励孩子，引导他们多做练习，给孩子提供帮助。不仅如此，好的心理咨询机构还会在正式咨询之前多安排几次见面，和父母共享见孩子的目的。在整个咨询过程中，父母随时都可以提出自己的疑虑。最后，心理咨询机构的费用会有差异，除了常设的心理咨询机构，每个地区都有育儿综合资源中心和福利馆，父母可以通过这些机构找到很好的专家。因此父母可以先从当地的机构入手，减轻一些负担。

孩子出现什么样的行为时，需要及时寻求专家的帮助？

1. 让孩子感到焦虑不安的因素消失以后，孩子仍然无法平静下来时。
2. 孩子无法正常吃饭、睡觉、排便、上学等，无法进行正常的日常生活时。
3. 没办法和孩子进行感情交流，即使没有什么特殊的情况，孩子仍然持续地有不安表现时。
4. 孩子出现痉挛或者出现选择性缄默症等症状时。
5. 孩子因为过度的焦虑不安，出现攻击性的行为或者出现自残行为时。
6. 父母也没办法安抚自己的不安情绪时。

父母应该以什么样的心态寻求专家的帮助?

1. 无法用学到的方法在现实生活中很好地安抚孩子,那么直接寻求专家的帮助是很有效的。
2. 见专家不是为了诊断孩子的病症,而是为了给孩子提供快速有效的帮助。
3. 游戏治疗是通过游戏和孩子沟通,从而提供具体帮助的咨询方法。
4. 如果觉得常设机构的费用负担过重,可以利用当地的公共幼教资源中心等。

第四部分

让容易焦虑不安的孩子健康长大

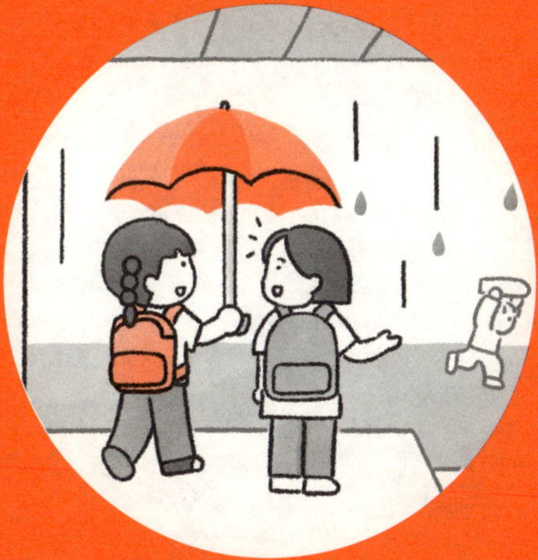

不安和恐惧可以转化

成孩子的优点吗？

在前面的内容中，我们了解了孩子为什么会焦虑不安，也学习了怎样才能帮助孩子，让他们更好地成长。所有的孩子在正常的发育过程中，都会感受到不安和恐惧，只不过有一些孩子会比同龄人更容易变得焦虑不安。养育这样的孩子时，父母应该拿出更有战略性的育儿方法，去共情和等待孩子，包容孩子的情绪，再慢慢地改变孩子错误的想法。

即使很多父母已经掌握了这些方法，还是会忍不住担心："世界对容易焦虑不安的孩子来说，还是很不友好的吧？"

"孩子会不会过得很辛苦？"

这些担心都不无道理。在未来的日子里，孩子经常会面临让他们焦虑不安的情况，也会因为很多事情而感到难过，还会时常因此遭遇挫折。在养育孩子的过程中，我也同样时而非常担心孩子，时而心中又对他充满愧疚。有时候，我完全可以理解孩子的焦虑不安，所以很心疼孩子。但是孩子哭闹不止的时候，我也会不自觉地抱怨："你怎么做什么事情都这么难呢？"

即使如此，过了一段时间之后再回头看，就会发现孩子已经有了很多改变，也成长了不少。不仅如此，为了安抚孩子说的那些话，孩子也都听进去了。作为母亲和专家，我遇到过很多容易焦虑不安的孩子，看到他们的变化以后，我得出一个结论：父母扮演着非常重要的角色。虽然他们无法完全消除孩子的焦虑不安，但是他们可以引导孩子，让孩子更好地接纳内心的焦虑不安，和这样的内心共处，更好地生活下去。

不安和恐惧
可以成为孩子的动力

我们会下意识地认为那些有问题、身体比较弱的孩子才更容易感到焦虑不安,而且我们认为经常焦虑不安不是一个好现象,所以会想当然地认为应该尽快解决这个问题。父母会担心和心急,通常也是出于这些原因。但是,并非所有的不安和恐惧都是消极的,焦虑不安其实也是人类正常的情绪之一。无论是谁,都有可能在某一特定的时期或者因为某一件事情变得极度焦虑不安。

我偶然在青少年演唱组合防弹少年团队长的采访中听到过"不安"这个词。队长曾经到联合国,站在很多人面前发表演讲,而且他平时也展现出了很强的领导力。即使是这样的人,也曾表示每当发布新歌的时候,他都会因为害怕被网友骂或者担心大家不喜欢,心里不安到根本无法上网去看网友的评价。了解到这件事情后,我其实是有些惊讶的。当时他认为"我不应该感到不安",但是这样的想法反而让他更加失控,无法控制内心的不安。因此,为了和不安和平相处,他找到一个舒心的地方,努力转移自己的注意力,让自己去做一些其他事情。对于队长来说,音乐是他的朋友,也是带给他成就的东西。虽然我不知道他是不是本来就很容易焦虑不安,但是随着他的影响力越来越大,他一定感受到了更多的不安和恐惧。而在我看来,这些不安和恐惧也促使他变成了一个更好的人。正是因为内心的不安和恐惧,他才可以不断地阅读和探究,并有能力建立自己的思维体系,可以全身心地投入音乐的世界,也培养了更强大的领导力。

很多人都知道,电影《寄生虫》的导演也是一个容易焦虑不安的人。他曾经在一次采访中提到"我和不安就像认识了很多年的朋友",也表示正因为如此,他才能在作品中更好地呈现这种内心状态。听说他会把全部焦虑不安的感受和强迫性的想法用于作品创作,通过作品来发泄自己的情绪。和他合作过的演员和团队工作人员都说他有天才的创意,细节把控非常到位,十分完美。

怎样才能把容易焦虑不安的气质转化成自己的优点?

其实,容易焦虑不安的人自身也有很多优点。

第一,容易焦虑不安的人做事大多非常慎重。受到新的刺激或者到了一个新的环境时,他们会尽量全面详细地了解自己要面临的情况,收集很多信息,经过深思熟虑后再慎重地应对。虽然他们不能快速地开始一件新的事情,动作显得比较慢,但是一旦开始适应,他们的状态会比任何人都稳定,坚持的时间也会更长。尤其是既容易焦虑不安,又有很强的好奇心,能量也比较充沛的人,他们一旦开始投入,就会表现出十分热情、非常投入的样子。孩子会有这样的表现,正是因为两种性格特征的优点结合在了一起,让他们可以稳定地开始并长时间地保持热情。

第二,很多容易焦虑不安的人会提前准备不同的方法,事先制订计划。为了消除内心的不安,他们不会只准备一种应对办法。对他们来说,永远存在"万一方案 A 行不通,我该怎办"的情况。为了应对这些"万一"的情况,容易焦虑不安的人总会准备方案 B。因此,和他们一起做事情,通常都会非常稳妥。

第三,容易焦虑不安的人有很强的解决问题的能力。他们之所以会感到不安和恐惧,是因为他们会比其他人更加敏感地观察和看待需要面对的情况。也许这种性格特征经常会让他们感到不适,但是他们也会想:"我想把让我焦虑不安的情况解决掉,我该怎么做呢?"也就是说,"想要解决引起不安的情况",这种需求会转化成解决问题的能力。

第四,不安和恐惧是让他们取得成就、追求成功的原动力。从防弹少年团队长和奉俊昊导演的故事里都可以看出这一点。可以控制好焦虑不安的人并不是回避这种感受的人,他们会把它转化为取得成就的动力。做到这一点,拥有这种性格特征的人就能更细腻地处理细节,取得更完美的结果。他们能更细致地感受不安和恐惧,而这一点恰恰成为他们的原动力,最终让他们得到更好的结果。

当然,也许父母还不能从孩子身上看到这些优点,即使能看出一些苗头,也不会特别明显。在做讲座或者做咨询的时

候，每次问到"孩子有哪些优点"，很多父母，尤其是容易焦虑不安的孩子的父母就会支支吾吾，给不出明确的答案。相比前面提到的那些优点，父母会更多地关注孩子缓慢的动作、胆小的性格，看到孩子又哭又闹的样子，就会认定这些都是孩子致命的缺点。特别是从婴幼儿时期到小学低年级，父母会有这样的想法也很正常。这个阶段的孩子还不能很好地控制内心的不安和恐惧，不知道该怎样表达自己的感受，更不知道解决的方法。此时，父母要拓宽视野，去想一想孩子的性格特征是否得到了很好的打磨，思考自己应该有什么样的行动。当孩子可以控制好内心的不安和恐惧以后，父母要去想："孩子的性格特征会让他们有这样很棒的表现！""原来孩子有这么多过去没能发现的优点！"父母要明白，自己对孩子的看法会直接影响到对孩子的态度。

面对不安和恐惧，孩子要有能力做出"选择"

对于容易焦虑不安的孩子来说，"选择的能力"才是最重要的。正如我反复强调的那样，父母做不到永远都不让孩子焦虑不安，也不可能永久地为他们消除这种情绪。父母可以为孩子调整环境，避免让他们一次接受太多的刺激，不让他们变得过于不安，但是这样做也不是为了不让他们不安，而是给他们足够的时间和机会去慢慢培养控制情绪的能力。焦虑不安是本能的反应，何时出现也没有可遵循的规律，因此父母通常都没有足够的时间去介入。因此，父母的角色就是当孩子变得焦虑不安时，引导他们做出决定。孩子也许会回避问题，也许会选择再等一等。当然，他们也有可能会鼓起勇气去迎接挑战，或者把焦虑不安的情绪转化成能力，投入到一个新的领域。

那么父母应该怎样帮助孩子，让他们在面对焦虑不安时，可以做出"不同选择"呢？为此，父母需要做到以下两点。

第一，让孩子明白不安和恐惧并不都是消极的情绪，这些情绪都是可以被接受的。如果孩子认为这些情绪都是消极的，他们就没办法表达自己的真实感受，也会因此失去学习的机会。正如我多次强调的那样，在说明情况和说服孩子之前，一定要先做到共情孩子，等待孩子。

第二，"我可以做选择"的想法要深深扎根在孩子的心中。一开始，孩子会本能地排斥和回避所有让自己焦虑不安的情况。即使如此，我们也要坚持帮助和引导孩子，让他们明白"即使如此"，他们也可以去尝试。让他们自己去体验，有些事情只要尝试了，情况就会有所好转，或者明白他们想象的事情不会真的发生。父母也可以经常对孩子说："你可以担心和害怕，但是你也可以选择再试一试。"

同时，孩子也有必要学会换一个角度思考。通过父母的提问，孩子错误的想法得到了纠正；通过实践，发现自己想的事情并不会发生。这些都是孩子要反复经历、反复确认的事情。虽然父母认为这样的情况会反复地出现，根本看不到尽头，但是对于孩子来说，他们会在这样的过程中慢慢地学会做出不同的选择，行为和想法都会有所改变。

孩子容易焦虑不安，
不代表孩子一定是低自尊感的人
。

帮助孩子控制好自己的焦虑不安，再引导他们把焦虑不安转化成自己的优势，这一切最终都有利于孩子"自尊感的健康发展"。很多父母都认为自尊感很重要，也会关注提高自尊感的育儿方法，但其实很多时候他们并不理解自尊感的准确含义。尤其是容易焦虑不安的孩子，他们通常都无法快速接受一件事情，会表现出胆小消极的样子，所以很多父母都认为自己的孩子自尊感很低。也有不少错误的育儿信息会把焦虑不安解释成低自尊感的表现。但是我们不能因为孩子容易焦虑不安，就断定他们的自尊感出现了问题。

我们不能简单地把自尊感理解成做某些事情的能力。自尊感意味着尊重自己本来的样子，其核心是"如何认知自然状态下的自己"。孩子在刚出生的时候是无法清晰地辨别自己和他人的。慢慢地，孩子能够区分自己和养育者。随后，孩子会明白他们可以根据自己的意愿行动并做出选择。有了这样的经历之后，他们会慢慢地发展出自我意识。随着孩子的成长，他们会脱离固定的关系，同伴关系变得越来越重要。经历了这个阶段以后，孩子开始认识到区别于他人的、属于自己的特性。而在这个过程中发展起来的健康的自尊感，就是对"我本来的样子"的接纳。

自尊感是能够接受自己的缺点

世界上没有任何一个孩子是只有优点，没有缺点的。每个孩子都有属于自己的特点，每一种性格特征也都有两面性，具有各自的优点和缺点。例如，好奇心强、随机性动作比较多的孩子，他们的优点是积极热情，但是同时他们会显得比较散漫，容易偏离规则。而容易焦虑不安的孩子虽然看上去比较消极，适应速度也比较慢，但是他们做事慎重，遵守规则，行为的可预测性比较高。

是否有自尊感，重点在于孩子怎样了解和评价自己的性格特征。为了更好地理解这一点，我们可以换个角度，反向去观察那些低自尊感的人。低自尊感的人大多有以下两个特点。首先，他们会放大自己的情绪，难以接受自己的不足。他们没办法接受自己有不同的侧面，只能承认自己好的那一面。接受自己的好，对于任何人来说都不是难事。而认可自己消极的一面虽然很难，但也是非常重要的。其次，对于低自尊感的人来说，"实际的我"和"我期待的我"这两者之间存在着巨大的差异。这不同于期待自己可以成为一个更好的人，并为此付出努力。这更贴近于不理解、不尊重现在的自己，而去追求另一个自己，或者意味着这种状态相当于错误地认为这就是真实的自己。

可以说，"健康的高自尊感是原原本本地接受自己所拥有的样子，认可自己存在的意义。"

如果一个很容易焦虑不安的人否定自己的性格特征，认为"我没什么恐惧的心理"，或者认为"我胆小谨慎，所以什么都做不成"，就很难认为他们是高自尊感的人了。相反，如果他们了解自己，知道"面对新事物的时候，我会很害怕，所以需要一定的时间"，认为"我很慎重，一旦适应，就可以做得很好"，了解自己的优势，那么就可以认为他们的自尊感是很健康很正常的。

父母和身边人如何看待孩子，对孩子说什么样的话，都会直接影响孩子的自尊发展。孩子会通过身边人的评价了解自己，理解自己的性格特征。因此，身为父母，我们是否真正理解和接受孩子的焦虑不安、我们对孩子说什么样的话都是至关重要的。如果我们抗拒、指责孩子的焦虑不安，那么孩子就会觉得我们是在否认他们的存在。当然，父母长时间地和孩子在一起，不可能做到每时每刻都保持积极的态度，对他们说的每一句话都给予非常积极的回应。重要的是，看到孩子"积极的一面""有变化的样子"时，父母给出了怎样的反应。如果父母只关注孩子的缺点，就会不自觉地说出很多否定孩子的话。如果父母希望孩子长成一个高自尊感的人，就要做到有意识地关注孩子的变化，找出孩子的优点。此外，也不要忘记对孩子说："爸爸妈妈认为你慎重的样子很棒！""你已经可以比上一次更快地开始了！"

如果养育孩子让你变得不安，
请把目光放得更长远一点

    如果孩子容易焦虑不安，我想他们的父母最应该注意的就是不要心急。为什么孩子需要这么长时间，才能迈出一小步？很多父母都会因此感到烦闷。不仅如此，通常刚刚解决了一个问题，孩子就会遇到一个新问题。看到这样的孩子，父母就会担心他们总是原地踏步，心里也就不自觉地焦虑起来。在孩子反复出现同样的问题时，其他孩子已经体验了很多新事物，也学会了很多新东西。一想到这里，父母就更加心急了。但是父母一定要注意，不能因此变得比孩子更加焦虑不安。如果父母因为不安而坐立不安，那么孩子就更没办法放心去尝试，而是会直接选择回避和放弃了。

    为了解决心急的问题，父母应该以更长远的目光看待育儿问题，制定一个更长远的目标。鼓励孩子的时候，父母也应该更近距离地、更细致地观察孩子。如果相比于昨天，孩子今天的表现更好，哪怕只是比昨天适应得好了一点，父母都应该敏锐地捕捉到这些变化，及时地鼓励孩子。相反，如果孩子的表现让父母变得不安，忍不住心急，那么父母就应该把自己的目光放得更长远一些，不要期待孩子明天就会有所改变。育儿的最终目的就是让孩子健康长大，成年以后好好地过好这一生。也就是说，孩子只要在20岁之前做到这一点就可以了。如果孩子害怕上学，我们很难看到他第二天就像变了一个人一样，可以一个人去学校。也许一个学期结束了，孩子还是做不到这一点。但是到了下一个学期，他就很有可能做到了。即使孩子的变化很慢，他也能在几年之内解决这个问题。我们不可能一辈子和孩子生活在一起，因此我们应该教会他们与不安共处，让他们学会克服这种心理的不同方法。我们能做的，无非是给他们提供必要的反馈、语言的鼓励和思维的引导，让孩子自己经历这样一个过程，最终取得成功。

如果孩子还处于婴幼儿时期，那么父母可以期待孩子10岁时的样子。到了那个时候，也许他们就学会如何运用这些方法了。看到孩子成长的样子，你们可能会感慨："我的孩子什么时候有了这么大的变化？"但是，如果你们觉得很难运用我在书里介绍的这些方法或者很难应对孩子的各种反应，那么就及时去寻求专家的帮助吧。父母的介入永远不会太晚。只要你开始了，那么开始的那一刻就是最及时、最恰当的时机。同时，希望父母在安抚孩子的焦虑不安的同时，自己也可以熟悉并接纳心中的不安和恐惧。

后记
我和孩子一起讨论焦虑不安

孩子十岁的时候，我们一起聊过一次他容易焦虑不安的问题。正是那一次的对话，让我动了写这本书的念头。不仅是身为他的妈妈，而且作为一名专家，我都觉得他说的那些话给了我很大的帮助。现在，我想把这段对话内容分享给大家，希望可以帮助到更多的人，也希望可以让大家更好地理解孩子的内心。

妈妈：儿子，你总是会担心很多事，也很容易感到害怕。你还记得小时候最让你担心和害怕的事情是什么吗？

儿子：我已经记不清了……不过好像每一件新的事情，我都很抗拒。如果不是我真的很喜欢的事情，我都不想去尝试。让我做一件我不是很熟悉的事情的时候，我就会担心很多事情。

妈妈：你都在担心什么呢？

儿子：就是害怕会发生可怕的事情呀，也害怕我担心的情况真的会出现。

妈妈：原来是这样，这些事情恰恰成为你的负担。妈妈记得，你刚上小学的时候，害怕的事情就非常多。现在事情已经过去了，所以妈妈才敢和你说实话。其实，妈妈那个时候非常担心你，所以连自己都变得非常不安。你也非常不安吗？

儿子：刚上学的时候，我真的很难受。做自我介绍的时候，我害怕得哭了好几次呢。

妈妈：那个时候，妈妈也接到了老师的电话。虽然妈妈心里也有点难过，但妈妈还是和老师说，希望她可以再给你一点时间。你看，现在你已经适应了学校的生活，和朋友们也很合得来。虽然你还是会和妈妈说害怕，但是已经有了很大的变化。你觉得是不是这样？

儿子：我也觉得自己有点不一样了。我想，应该是在二年级第二学期的时候吧。好像就是从那一年的冬天开始，我慢慢地变得更勇敢了。到了三年级的时候，我就一点都不害怕上学了，我还去竞聘班长了呢。

妈妈：和妈妈想到的时间差不多！是发生了什么，让你突然开始变得勇敢了呢？

儿子：我就是突然明白了，其实我担心的事情不一定会发生。

妈妈：哇……

儿子：我觉得学击剑对我帮助很大。现在，我偶尔也会有很害怕的事情。每次遇到这种情况，我都会想，就像学击剑的时候一样，"先试试吧，能出什么事呢！"

妈妈：刚开始学击剑的时候，你也有很多害怕的事情。比如，害怕坐公交车，害怕击剑馆的馆长，害怕戴护具……但是我们都没有放弃，一直坚持下来了。这真是一个很棒的决定，对不对？

儿子：妈妈说过，有一些事情，不喜欢是可以不做的。但是有一些事情，还是需要坚持的。其实，妈妈让我再试一试的时候，我并不高兴，会有一种被强迫的感觉。不过我也能理解妈妈，而且坚持练习了以后，我觉得击剑也挺不错的。

妈妈：其实妈妈在劝你坚持的时候，心里也很不是滋味。但是你至少要学会坚持一件事情，你需要这样的练习。当时的你特别讨厌跆拳道,但是你说,如果是击剑的话,可以去试一试。为什么你可以接受击剑呢?

儿子:表哥也在学击剑啊。而且跆拳道班上总有很多人。我也不喜欢练踢腿,很讨厌那种感觉。但是练击剑的时候,我可以戴上护具,遮住我的脸,这让我觉得很安全。练习击剑的时候会很用力,我觉得这样还可以发泄发泄,不会有那么大的压力。

妈妈:原来是这样啊。虽然现在没有过去那么严重了,但是你也会时不时地感到焦虑不安。最近你最担心的事情是什么呢?

儿子:最近我会怕自己做不好一些事。有时候,我会害怕单元小测验,还会害怕做噩梦。偶尔我也会想到,如果家人死了怎么办。

妈妈:谢谢你每次有这种想法的时候,都会和爸爸妈妈说!但是和过去不一样,现在很多时候爸爸妈妈都没办法一直陪着你,没办法了解到你的每一个小情绪。最近你感到焦虑不安的时候,会怎么处理呢?

儿子:我会骑自行车在小区里转一转。每次焦虑不安的时候，我都有一个固定的骑行路线。骑车会让我心情好一些。

妈妈： 原来如此啊，所以下雨天骑不了车的时候，你会很难过。

儿子： 嗯，不过现在下雨的时候，我会打着伞出去走一走，而且我最近也很喜欢画画。

妈妈： 妈妈再问你最后一个问题吧！在你觉得焦虑不安的时候，爸爸妈妈做什么对你的帮助最大？我一直都很好奇这一点。

儿子： 你们理解我，我就觉得很好了。你们不会因为我害怕就责怪我，而是会安慰我。还有你们会告诉我，不需要现在立刻做什么事情，过一段时间以后，害怕的情绪也就变得没有那么强烈了。

我的孩子很容易焦虑不安，如果说在养育他的过程中，我从来都没有焦虑过，那一定是在说谎。但是我很清楚应该对孩子说什么样的话，也知道为什么要这样做，所以我一直都在以播种后静待结果的心态，一次又一次地重复同样的话。

从孩子学会走路以后，我坚持努力了很长时间。直到现在，孩子已经可以亲口对我说："我想到的事情不一定会发生，我做到的事情、成功的事情也很多，爸爸妈妈理解我，他们的安慰可以让我平静下来。"这些都是我很想听到的话，我也很开心可以亲眼看到孩子的这些变化。

我们都希望孩子可以快一些变好，但是在养育孩子的过程中，"有多快"不是最重要的，我们应该看重的是"最终"的结果。我希望所有的父母都牢记一点：在孩子有能力自己去解决焦虑不安的问题之前，父母都应该持续地努力，耐心地等待。我也祝福每一位读到这本书的父母，希望你们都能在未来的某一个瞬间迎来让人无比感慨和激动的时刻。